濵田悦生 著
Etsuo Hamada
狩野 裕 編
Yutaka Kano

データサイエンスの基礎

Fundamentals of Data Science

講談社

刊行によせて

人類発展の歴史は一様ではない．長い人類の営みの中で，あるとき急激な変化が始まり，やがてそれまでは想像できなかったような新しい世界が拓ける．我々は今まさにそのような歴史の転換期に直面している．言うまでもなく，この転換の原動力は情報通信技術および計測技術の飛躍的発展と高機能センサーのコモディティ化によって出現したビッグデータである．自動運転，画像認識，医療診断，コンピュータゲームなどデータの活用が社会常識を大きく変えつつある例は枚挙に暇がない．

データから知識を獲得する方法としての統計学，データサイエンスや AI は，生命が長い進化の過程で獲得した情報処理の方式をサイバー世界において実現しつつあるとも考えられる．AI がすぐに人間の知能を超えるとはいえないにしても，生命や人類が個々に学習した知識を他者に移転する方法が極めて限定されているのに対して，サイバー世界の知識や情報処理方式は容易く移転・共有できる点に大きな可能性が見いだされる．

これからの新しい世界において経済発展を支えるのは，土地，資本，労働に替わってビッグデータからの知識創出と考えられている．そのため，理論科学，実験科学，計算科学に加えデータサイエンスが第 4 の科学的方法論として重要になっている．今後は文系の社会人にとってもデータサイエンスの素養は不可欠となる．また，今後すべての研究者はデータサイエンティストにならなければならないと言われるように，学術研究に携わるすべての研究者にとってもデータサイエンスは必要なツールになると思われる．

このような変化を逸早く認識した欧米では 2005 年ごろから統計教育の強化が始まり，さらに 2013 年ごろからはデータサイエンスの教育プログラムが急速に立ち上がり，その動きは近年では近隣アジア諸国にまで及んでいる．このような世界的潮流の中で，遅ればせながら我が国においても，データ駆動型の社会実現の鍵として数理・データサイエンス教育強化の取り組みが急速に進められている．その一環として 2017 年度には国立大学 6 校が数理・データサイエンス教育強化拠点として採択され，各大学における全学データサイエンス教育の実施に向けた取組みを開始するとともに，コンソーシアムを形成して全国普及に向けた活動を行ってきた．コンソーシアムでは標準カリキュラム，教材，教育用データベースに関する 3 分科会を設置し全国普及に向けた活動を行ってきたが，2019 年度にはさらに 20 大学が協力校として採択され，全国全大学への普及の加速が図られている．

本シリーズはこのコンソーシアム活動の成果の一つといえるもので，データサイエンスの基本的スキルを考慮しながら 6 拠点校の協力の下で企画・編集されたものである．

第 1 期として出版される 3 冊は，データサイエンスの基盤ともいえる数学，統計，最適化に関するものであるが，データサイエンスの基礎としての教科書は従来の各分野における教科書と同じでよいわけではない．このため，今回出版される 3 冊はデータサイエンスの教育の場や実践の場で利用されることを強く意識して，動機付け，題材選び，説明の仕方，例題選びが工夫されており，従来の教科書とは異なりデータサイエンス向けの入門書となっている．

今後，来年春までに全 10 冊のシリーズが刊行される予定であるが，これらがよき入門書となって，我が国のデータサイエンス力が飛躍的に向上することを願っている．

2019 年 7 月

北川源四郎
（東京大学特任教授，元統計数理研究所所長）

昨今，人工知能 (AI) の技術がビジネスや科学研究など，社会のさまざまな場面で用いられるようになってきました．インターネット，センサーなどを通して収集されるデータ量は増加の一途をたどっており，データから有用な知見を引き出すデータサイエンスに関する知見は，今後，ますます重要になっていくと考えられます．本シリーズは，そのようなデータサイエンスの基礎を学べる教科書シリーズです．

第 1 期には，3 つの書籍が刊行されます．『データサイエンスのための数学』は，データサイエンスの理解・活用に必要となる線形代数・微分積分・確率の要点がコンパクトにまとめられています．『データサイエンスの基礎』は，「リテラシーとしてのデータサイエンス」と題した導入から始まり，確率の基礎と統計的な話題が紹介されています．『最適化手法入門』は，Python のコードが多く記載されるなど，使う側の立場を重視した最適化の教科書です．

2019 年 3 月に発表された経済産業省の IT 人材需給に関する調査では，AI やビッグデータ，IoT 等，第 4 次産業革命に対応した新しいビジネスの担い手として，付加価値の創出や革新的な効率化等などにより生産性向上等に寄与できる先端 IT 人材が，2030 年には 55 万人不足すると報告されています．この不足を埋めるためには，国を挙げて先端 IT 人材の育成を迅速に進める必要があり，本シリーズはまさにこの目的に合致しています．

本シリーズが，初学者にとって信頼できる案内人となることを期待します．

2019 年 7 月

杉山　将
（理化学研究所革新知能統合研究センターセンター長，東京大学教授）

巻 頭 言

情報通信技術や計測技術の急激な発展により，データが溢れるように遍在するビッグデータの時代となりました．人々はスマートフォンにより常時ネットワークに接続し，地図情報や交通機関の情報などの必要な情報を瞬時に受け取ることができるようになりました．同時に人々の行動の履歴がネットワーク上に記録されています．このように人々の行動のデータが直接得られるようになったことから，さまざまな新しいサービスが生まれています．携帯電話の通信方式も現状の 4G からその 100 倍以上高速とされる 5G へと数年内に進化することが確実視されており，データの時代は更に進んでいきます．このような中で，データを処理・分析し，データから有益な情報をとりだす方法論であるデータサイエンスの重要性が広く認識されるようになりました．

しかしながら，アメリカや中国と比較して，日本ではデータサイエンスを担う人材であるデータサイエンティストの育成が非常に遅れています．アマゾンやグーグルなどのアメリカのインターネット企業の存在感は非常に大きく，またアリババやテンセントなどの中国の企業も急速に成長をとげています．これらの企業はデータ分析を事業の核としており，多くのデータサイエンティストを採用しています．これらの巨大企業に限らず，社会のあらゆる場面でデータが得られるようになったことから，データサイエンスの知識はほとんどの分野で必要とされています．データサイエンス分野の遅れを取り戻すべく，日本でも文系・理系を問わず多くの学生がデータサイエンスを学ぶことが望まれます．文部科学省も「数理及びデータサイエンスに係る教育強化拠点」6 大学（北海道大学，東京大学，滋賀大学，京都大学，大阪大学，九州大学）を選定し，拠点校は「数理・データサイエンス教育強化拠点コンソーシアム」を設立して，全国の大学に向けたデータサイエンス教育の指針や教育コンテンツの作成をおこなっています．本シリーズは，コンソーシアムのカリキュラム分科会が作成したデータサイエンスに関するスキルセットに準拠した標準的な教科書シリーズを目指して編集されました．またコンソーシアムの教材分科会委員の先生方には各巻の原稿を読んでいただき，貴重なコメントをいただきました．

データサイエンスは，従来からの統計学とデータサイエンスに必要な情報学の二つの分野を基礎としますが，データサイエンスの教育のためには，データという共通点からこれらの二つの分野を融合的に扱うことが必要です．この点で本シリーズは，これまでの統計学やコンピュータ科学の個々の教科書とは性格を異にしており，ビッグデータの時代にふさわしい内容を提供します．本シリーズが全国の大学で活用されることを期待いたします．

2019 年 4 月

編集委員長　竹村彰通
（滋賀大学データサイエンス学部学部長，教授）

まえがき

データサイエンスというキーワードが日本に留まらず世界中の大学を中心に社会を席捲している昨今，その名も「データサイエンスの基礎」と銘打つ書籍を出版することとなった．しかしながら，データサイエンスという用語が多様に使用されているときに，その基礎を問われても何が基礎で何が基礎でないか，を選定することは簡単にはいかないであろう．そこで，データサイエンスにおける基礎事項と著者が考える以下の項目

- データリテラシーに関する話題
- 数学的な確率の定義
- データにおける代表値と散らばりの特徴
- 基本的な確率分布の性質
- 中心極限定理の紹介
- 統計的な話題の例

を掲載することにした．これらの話題や例題は，著者が学部 1 年生に統計学を長年教える上で利用してきた内容の一部でもある．その結果このテキストは，いわゆる統計学の基礎で教えられているような標準的なテキストとは異なり，データサイエンスを学ぶにおいて，実際のデータを多く扱いながら，データの確率的な挙動を概念的にも把握する基礎作りとして，他にあまり類のない構成・内容となっている．読者の批判に耐えうるものになっていることを願うばかりである．

このテキスト作成に関して，著者をお誘い下さいました大阪大学大学院基礎工学研究科 狩野裕教授に感謝致します．また，原稿を丁寧で読んで頂き非常に有益なコメントを頂きました大阪府立大学大学院工学研究科 林利治准教授，大阪大学 数理・データ科学教育研究センター 朝倉暢彦特任講師，そして大阪大学大学院基礎工学研究科博士後期課程 倉田澄人君に感謝致します．原稿作成全般を通じて，温かい励ましを頂きました講談社サイエンティフィク横山真吾様と瀬戸晶子様に感謝致します．

最後になりましたが，著者の原稿作成を支えてくれた佐知子と結理菜に感謝します．

平成 30 年 12 月

濵田 悦生

目　次

第 3 章 データからの情報抽出 47

第 4 章 確率的な現象の扱い 81

第1章 リテラシーとしてのデータサイエンス

1.1 データサイエンスの目的と必要性

1.1.1 データサイエンス

データサイエンスの定義を考えるとき，「データ」とか何か，「サイエンス」とは何か，そして「データサイエンス」とは何か，というように定義にもいろいろなものが提唱されているが，有名なものにドリュー・コンウェイ (Drew Conway, 2013)[1] によるデータサイエンスのベン (Venn) 図がある (図 1.1).

この図で Substantive Expertise は実質的な専門知識，Traditional Research は従来の研究，Hacking Skills は計算機におけるプログラミングの技術の意味である. Danger Zone![2] は危険地帯の意味ではあるが，これはコンウェイの洒落でもあろう.

統計学者のドノホー (Donoho, 2017) はデータサイエンスを以下の 6 項目の結合として定義した：

(1) Data gathering, preparation, and exploration
(データの収集，前処理，そして調査や吟味)
(2) Data representation and transformation（データの表現や変換)
(3) Computing with data（データを用いた計算)

---

1) D.Conway (2013), The Data Science Venn Diagram.
`http://drewconway.com/zia/2013/3/26/the-data-science-venn-diagram`

2) ベイリー (B.Bailey, 2017) は，Danger Zone! ではなくて Data Support であると修正提案をしている.
`https://towardsdatascience.com/a-modification-of-drew-conways-data-science-venn-diagram-d5ba93037e1a`

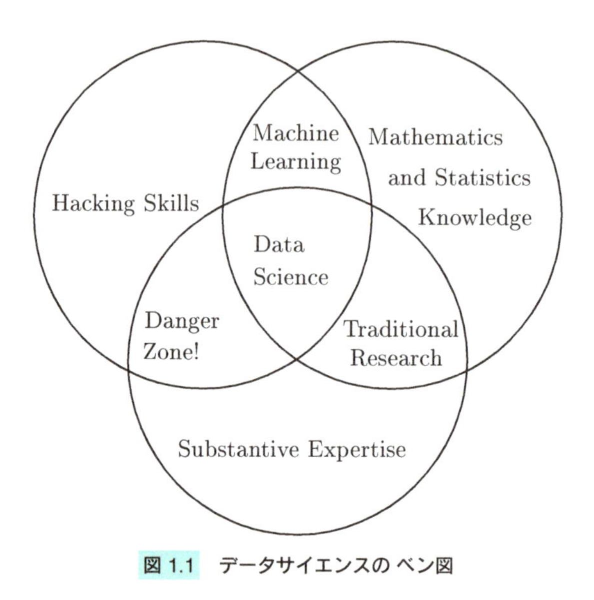

図 1.1　データサイエンスのベン図

(4) Data modeling（データに対するモデリング）
(5) Data visualization and presentation（データの視覚化とその説明）
(6) Science about data science（データサイエンスに関連する科学）

また，統計学者の柴田里程 (2018) は，

『辞書によれば，データとは「数値，記号で表した推論の根拠となるもの」である．この定義のポイントは「推論」という目的が含まれている点で，これが無ければ単なる「情報」でしかない．その上で，データサイエンスは「データに関するなぜを追求するサイエンス」が定義となる.』

という定義を提唱し，また，

『データサイエンス実践にあたっては，まず「データの総体的な理解」を基本に据えることが欠かせない．特段の推論という目的無しに単にサマリーを作ったり，逆に特定の目的にむかってデータをつまみ食いするだけなら，なにもデータサイエンスは必要ない．「データを的確にとらえ理解する」ことの助けとなるのがデータサイエンスであり，「どのようにしたらデータから新たな価値を発見できるか」その指針を与えるのがデータサイエンスであるからである.』

とデータサイエンスの実践を定義している.

以上のことからも，データサイエンスがいかに総合的な取り組みであるかがわかり，データの本質の理解およびデータからの新たな価値の発見という目的から鑑みてもデータサイエンスの必要性は明らかであり，今後ますます重要性は増していくであろう.

このテキストではそういった取り組みに向けた基礎的な内容を，確率論の簡単な紹介も踏まえて統計的な話題を用いて解説していく予定である.

その前に，日本学術会議における数理科学委員会での「統計学分野の参照基準検討分科会」によって作成された，平成 27(2015) 年 12 月 17 日の報告書からの抜粋を示しておく.

- 統計学の定義：
  統計学は，データを元に現象を記述し， 現象のモデルを構築し知識を獲得するための方法論である.

- 統計学の特性：
  帰納的推論の中に演繹的論理の過程を導入することにより科学的な結論を導くことにある.

- 統計学を学ぶ本質的な意義：
  自然や人間社会における不確実性の理解とそれへの対処法の習得，課題解決型思考力の獲得等である.

また，データサイエンスにおけるプロシージャとして PPDAC サイクルも一般的に提唱されている.

(1) P: Problem (問題設定)
(2) P: Plan (計画設定)
(3) D: Data (データ収集)
(4) A: Analysis (データ分析)
(5) C: Conclusion (結論導出)

上のサイクルを繰り返すことで，先のデータサイエンスにおける定義で『データに関するなぜを追及するサイエンス』 (柴田, 2018) を実践することが可能になろう.
ちなみに，この PPDAC サイクルは，カール・ポパー (Popper) の提唱する科学的

研究方法と非常に似ていて，

(1) 仮説理論
(2) 演繹的推論　(Problem)
(3) 理論の結果
(4) 実験計画　(Plan)
(5) 実証データ　(Data)
(6) 帰納的推論　(Analysis)
(7) 理論の実証
(8) 啓発的推論　(Conclusion)

という対応が可能である．どちらかというとポパーの科学的研究方法の方が一般的な枠組みではあるが，上のような対応を考えると，統計的 PPDAC サイクル自体はその簡潔版であるともいえる．

1.1.2　フィッシャーによる三原則

20 世紀の統計学者で影響力の大きかったのがイギリス人のフィッシャー (R. A. Fisher) 卿である．そのフィッシャーが統計学とは何かというのを示したのが以下のものである．

フィッシャーによる三原則

(1) 母集団 (population) に関する研究：Statistics ：status(状態) の ics(学)
(2) 変動や多様性に関する研究：Variation
(3) データの縮約方法に関する研究：Reduction of Data

母集団に関する研究というのは，ある国全体の人口，生産量などの，ある想定している集団全体の状況を把握するということで，日本でいえば法律で定められている国勢調査などによって母集団を把握し，最近の状況がどうなっているかを調べることである．

変動や多様性に関する研究というのは，1 つには時間に関係する変動で昨年と今年の経済活動の変動を把握することであり，同一の場所でいえばある農地における作物の収穫量の多様性の原因を探ることである．

データの縮約方法の研究というのは，覚えておいて損はないキーワードで，例えば 100 人の身長データがあった場合，それらの数値をただ単に眺めてもそこから情報らしいことは得られにくいが，標本平均と標本分散を計算し求めるだけでもデータの状況を把握しやすくなる，といったことをデータの縮約方法という．

また，フィッシャーは統計実験のための三原則も以下のように提唱している．

統計実験のための三原則

(1) 局所管理 (local control) ：系統的な誤差をできるだけ排除
(2) ランダム化 (randomization) ：残った系統誤差を偶然誤差に転化
(3) 反復 (replication) ：その誤差を評価

この三原則は今でも有効であり，局所管理によって系統的な誤差が入らないようにした上で，ランダム化によってそこでの誤差を偶然誤差に転化するので，実験を何回も反復すればその偶然誤差を評価することができる．ゆえに，何か統計実験を考えるときには，この原則に沿った方針で統計実験を行うことが望ましいのである．しかしながら，実験を実施するわけではない観察研究においては，三原則を守ることが現実問題として難しいこともあり，統計的にさまざまな創意工夫がなされてきている．

1.1.3　統計，データサイエンスの歴史的推移

コックス (D. R. Cox) 卿による 20 世紀の統計学の流派を分類したものが以下のものである．

- 頻度論的確率に基づく
  - フィッシャー学派の帰納的推論の理論
  - ネイマン・ピアソン・ワルド (Neyman-Pearson-Wald) 学派の帰納的行動の理論

- ベイズ (Bayes) 統計理論に基づく
  - 論理的確率のジェフリーズ学派
  - 主観的確率のサベージ学派

頻度論的確率の枠組みにおいて，帰納的推論というのは，得られたデータからデータの発生する母集団の状況を帰納的に推定する理論のことであり，帰納的行動というのは，得られたデータからデータの発生する母集団の状況を統計的検定という手段によって採択するか棄却するか，という行動に出ることである．また，ベイズ統計の枠組みにおいて，論理的確率は無情報事前分布やジェフリーズ分布といった客観性に則った客観的事前分布のことであり，主観的確率はある意味恣意的な主観に則った主観的事前分布のことである．

より具体的な統計概念を表す図として，エフロン (Efron, 1998) の三角形が有名である (図 1.2).

これは，Fisherian (フィッシャー学派)，Frequentist (頻度論派) と Bayesian (ベイズ学派) の 3 つの学派を三角形の頂点に置いたときに，Fiducial 確率，EM アルゴリズム，Meta-analysis (メタ解析) はその三角形の内部としての扱いとなること

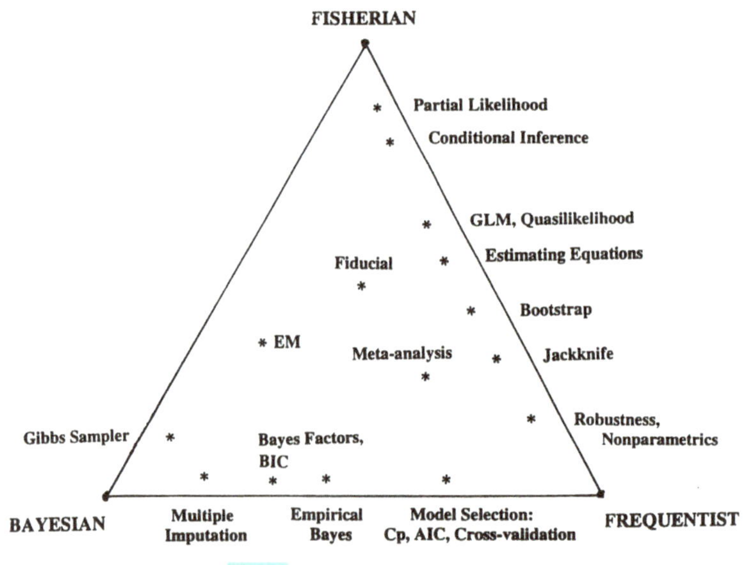

図 1.2　エフロンの三角形 (1998)

を示している．

フィッシャー学派と頻度論派の間には，Partial Likelihood (部分尤度理論)，Conditional Inference (条件付き推測)，GLM，Quasilikelihood (一般化線形モデル，疑似尤度理論)，Estimating Equations (推定方程式)，Bootstrap (ブートストラップ法)，Jackknife (ジャックナイフ法)，Robustness，Nonparametrics (頑健法，ノンパラメトリック統計) が並ぶ．また，頻度論派とベイズ学派の間には，Model Selection:C_P，AIC，Cross-validation (モデル選択：C_P 統計量，赤池情報量規準，交互検証法)，Empirical Bayes (経験ベイズ法)，Bayes Factors，BIC (ベイズファクター，ベイズ情報量規準)，Multiple Imputation (多重代入法) が並ぶが，フィッシャー学派とベイズ学派の間には，Gibbs sampler (ギブズ・サンプラー) しかない．このようなキーワードの関係性を見ておくと，統計概念の大きな俯瞰を得ることもできるであろう．

また，統計における歴史的なブレイクスルー (画期的貢献) に関する図として，エフロンとヘイスティ (Hastie) の三角形 (2016) がある (図 1.3)．

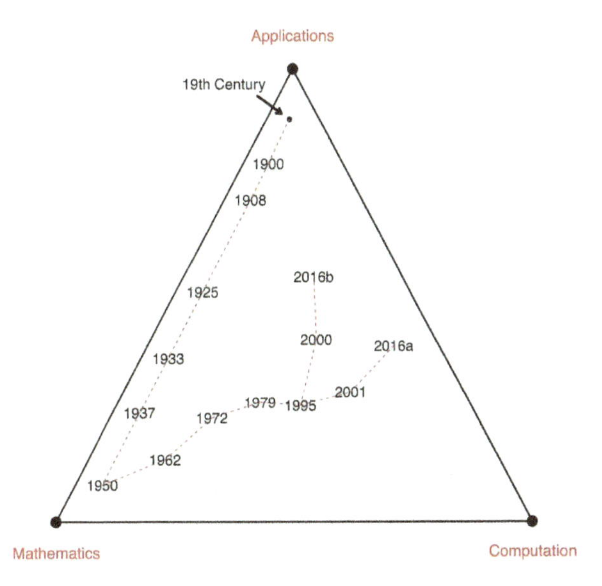

図 1.3　エフロンとヘイスティの三角形 (2016)

これには，年しか記載がないが，三角形の頂点はそれぞれ，Mathematics (数学)，Applications (応用)，Computation (計算) となっている．それらは，統計関係の話題でブレイクスルーを起こした概念の発表年と，その概念が数学的な概念か応用的な概念か計算的な概念か，という割合での配置となっている．具体的には，以下の通り：

表 1.1　エフロンとヘイスティの三角形 (2016) の説明

年代	概念	貢献者，貢献分野	関連語
19 世紀	Average Man	ケトレー	ガウス・ラプラス
1900	χ^2-test	ピアソン	*Biometrika*
1908	t 統計量	スチューデント (ゴセット)	小標本
1925	フィッシャー情報量	フィッシャー	最尤推定量
1933	統計的検定	ネイマン，ピアソン	フィッシャーの反対
1937	信頼区間	ネイマン	統計的推測
1950	統計的決定理論	ワルド，ベイズ推定	
1962	**データ解析**	モステラー，テューキー	探索的データ解析
1972	比例ハザード	コックス	生存解析
1979	ブートストラップ	エフロン	MCMC
1995	False-discovery Rates	ベンジャミニ，ホッホバーグ	LASSO
2000	Large-scale 推測	Microarray technology	微生物学的データ
2001	Random forests	機械学習	Boosting
2016a	**データサイエンス**	Data Science Association	ビッグデータ
2016b	Personalized medicine	Genome-wide association studies	ビッグデータ

19 世紀から 1950 年代までは，統計関係の関心は応用的関心から数学的関心へと変遷した結果として統計的決定理論を確立し，そこから，計算機の発達とともに，応用的な関心と計算機的な関心を併せ持つような領域へと変遷していったことがわかる．特に，1962 年の『データ解析』から 2016 年の『データサイエンス』への流れは，現在の MCMC や LASSO などの手法へと繋がっていることがよくわかる．

ここでは用語等の詳細は略すので，興味のある読者は検索してみるとよいであろう．

最後に副読本の候補を紹介しておく．

- デイヴィッド・サルツブルグ著，竹内惠行・熊谷悦生 訳 (2010)，
  統計学を拓いた異才たち，日経ビジネス人文庫．

統計学の歴史の流れも含みながら，統計学を拓いた異才たちの多数のエピソード

で，20 世紀の統計家たちと一緒に統計の歴史的課題の克服を眺めることができる．また，数学の天才であったコルモゴロフ (Kolmogorov) が確率論確立の貢献者であったこと，看護婦の象徴であるナイチンゲール (Nightingale) が実は統計学者で円グラフを発明したこと，標本調査をアメリカで初めて実施したとき大衆に嘲笑されたことなど，統計に関連した逸話も面白いであろう．

- 竹内啓 (2018)，歴史と統計学，日本経済新聞出版社．

統計の誕生から 21 世紀の統計と統計学の課題まで書かれており，研究者とその研究者が生きた時代と思想の関連を中心にして，数式や統計モデルや個人確率なども紹介されているので，先の本とはまた違った読み物となっており，こちらも非常に興味深い．

1.1.4　ランダムネスの懐柔と活用

統計実験の三原則の 1 つにランダム化というものがあった．系統誤差を偶然誤差に転化するためにランダム化を行うときの偶然誤差に関して，誤差項をランダム項という．

ランダムネス (randomness) の定義は，Oxford Advanced Learner's dictionary 9th edition (2015) によると，

> the fact of being done, chosen, etc. without somebody deciding in advance what is going to happen, or without any regular pattern
> (濵田訳：誰かが前もって何が起こるかを決めることなく，もしくはどんな規則的なパターンもなく，なされたり選ばれたりなどすること)

となる．このようにどんな規則的なパターンもないようなランダムネスに関して，統計学やデータサイエンスにおいては，確率的な挙動という枠組みによって次のような 2 通りの対応を行う．

(1) ランダムネスの懐柔（かいじゅう）

ランダム誤差をうまく飼い慣らすことによって不可知であることを評価することができるので，各種統計モデルへの適用がなされている．例えば，x という説明変数に対してある関数 f によって被説明変数である Y が得られるとしたときの統計モデルは

$$Y = f(x) + \varepsilon$$

のように表現することができる．ここでの ε がランダム誤差である．

(2) ランダムネスの活用

ランダムネスの懐柔は，どちらかといえばランダムネスのネガティブな取り扱いということができるが，その反対にランダムネスの活用というのは，どちらかといえばランダムネスのポジティブな取り扱いということができる．ここでは，無作為標本，無作為割付およびランダム回答法について簡単に説明する．

- 無作為標本 (random sample)
  ある母集団から無作為に (ランダムに) サンプルが抽出された無作為標本によって，帰納的にその母集団の姿を推測することができる．
- 無作為割付 (random assignment)
  ある医師の診察を受けるインフルエンザの患者に対して，ランダムにタミフルを投与するか投与しないか，という無作為割付を行うことで，タミフルの投薬効果を得ることができる．
- ランダム回答法
  あるアンケート調査で調査員に回答結果を知られることなく回答することができることでプライバシーに関する調査を行うことが可能となるランダム回答法などがある．

最後にデータサイエンスにおけるデータの種類などについて簡単にまとめておく．

- データ (data)，標本 (sample)，観測値 (observation)
  実験や調査，観察，観測等の結果得られた数値や属性

  - 質的データ (qualitative data) [属性]
    - 名義 (nominal) 尺度データ (カテゴリカルデータ)
      男女，国籍，職種など
    - 順序 (ordinal) 尺度データ (反応カテゴリーなど)
      嗜好度合，5 段階アンケート調査，新生児指数など
  - 量的データ (quantitative data) [変量]

- ○間隔 (interval) 尺度データ (観測値間の和や差に意味がある)
  気温[3]，テストの点数[4]，方角など
- ○比率 (ratio) 尺度データ (2 つの観測値の比が意味を持つ)
  距離，重量，価格など

- 量的データの分類
  - 離散型データ (discrete data)，計数値データ (count data)
    家族の人数，月間事故件数など
  - 連続型データ (continuous data)，計量値データ (metrical data)
    身長，体重，摂取カロリーなど

- 統計量 (statistic)
  母集団から得られた標本データの意味するところをうまく表現する量，またはデータの関数

そういった分類を踏まえて，データサイエンスの関わるデータとしては，最近ではビッグデータ (big data) などの巨大なデータ群が存在する．その際，データにおいて注意すべき点などを列挙しておく．

- データの質
  無作為標本されたようなきれいなデータばかりではなく，データに欠損値が多いとか，データ自身特に目的なく収集されたものであるとか，データ収集において偏り (バイアス) が掛かっているとか，とにかくデータの質に関しては非常に注意する必要がある．
- データの量
  従来の小標本と大標本という括りに加えて，ビッグデータと呼ばれる巨大データ量があり，ビッグデータの特性である Velocity(流通速度), Variety(多様性), Volume (量) にも注意が必要である．
- データの種類

[3] ただし，絶対零度である摂氏 -273.15 度からの温度で考えると，比率尺度データとなる．
[4] これは違和感があると思われるが，テストで 60 点であった人の理解度が 80 点であった人の理解度の 75%であるとは限らないのである．

従来の質的データと量的データに加えて，画像データのような，それらの混合データなどもあり，さまざまな種類に対応する必要がある．

➤ 1.2 リテラシーとデータの見方

データリテラシーの基本として，データの素性をまず調べることが大事である．本来のデータは単なる抽象的な数字や記号等ではない．データは自身の特性に加えて，データに関連するさまざまな背景情報を伴った存在であるので，それらを総合的に判断すべきであることを認識して欲しい．

ここでは，メディアに関する全国世論調査と，自動車事故死と飛行機事故死の比較とを考える．

1.2.1 第2回メディアに関する全国世論調査

以下の新聞記事は，公益財団法人である新聞通信調査会が2009年に実施した面接によるアンケート調査の結果に関する記事である．

例 1.1 新聞，NHKの"信頼度"70点台，ネットは58点

2010年1月22日 (産経新聞)

公益財団法人の新聞通信調査会は21日，メディアに関する全国世論調査の結果を発表した．各メディアの情報の信頼度に関する質問で「全面的に信頼している」を100点とした場合，NHKテレビが73.5点，新聞が70.9点となった．民放テレビは63.6点，インターネットは58.2点だった．報道内容に関する質問のうち，選挙前に候補者の当落を予想する新聞報道について「有権者に予断を与える」として問題視する人は42.6%で，「判断材料を提供することは当然」の32.4%を上回った．裁判員制度の下での事件報道の在り方について「裁判員が公正な判断ができなくなる恐れがあり，規制すべきだ」は31.7%，「事件を国民に知らせるのが報道の使命で，規制すべきでない」は41.9%だった．調査は昨年9月，18歳以上の男女5000人を対象に面接で実施，69.8%から回答を得た．

回答者数は $n = 3490$ であり，以下各メディアの印象や各種団体の信頼度などの結果を表にまとめた (表1.2～表1.4)．

これは複数回答なので，全体の割合ではない点に注意が必要である．表1.2で特に

表 1.2 各メディアの印象 (複数回答, $n = 3490$) (1 位のみ)

メディア媒体	1 位の印象	割合
新聞	情報が信頼できる	62.1%
NHK テレビ	情報が信頼できる	71.1%
民放テレビ	情報が面白い・楽しい	70.1%
ラジオ	手軽に見聞きできる	17.3%
雑誌	情報が面白い・楽しい	22.4%
インターネット (パソコン・携帯電話)	手軽に見聞きできる	35.6%

1 位の印象の割合が一番低いラジオに関しては，2 位：情報が信頼できる (13.7%)，3 位：情報が面白い・楽しい (12.4%)，4 位：情報源として欠かせない (12.1%)，5 位：情報が役に立つ (11.7%) が選択されたものであった．ラジオに関しては，いろいろな印象が幅広くあることがわかるともいえる．

表 1.3 各メディアの信頼度 ($n = 3490$，100 点満点)

順位	メディア媒体	点数
1	NHK テレビ	73.5 点
2	新聞	70.9 点
3	民放テレビ	63.6 点
4	ラジオ	61.6 点
5	インターネット (パソコン・携帯電話)	58.2 点
6	雑誌	46.4 点

表 1.3 の 1 位と 2 位に関しては，男女別でも年齢別でもすべて同じ結果であった．1 位から 3 位までの順位に拡張すると，男女別，10 代から 40 代，70 代以上ですべて同じであったが，50 代と 60 代に関しては，3 位のみ民放テレビではなくラジオであった．

表 1.4 の 1 位から 7 位に関しては，総数と男女別ですべて同じ結果であった．ただ，年代別で見ると，40 代の 1 位は裁判所 (75.5%)，60 代の 1 位は報道機関 (76.4%) となっていた．ここでの信頼度は，「非常に信頼感を持っている」と「やや信頼感を持っている」を選んだ割合の合計であり，「まったく信頼感を持っていない」と「あ

表 1.4 各組織，団体の信頼度と不信度 ($n = 3490$)

順位	各組織，団体	信頼度	不信度
1	病院	71.4%	23.9%
2	裁判所	68.0%	20.7%
3	報道機関	66.0%	28.1%
4	警察	51.3%	43.3%
5	国会	25.4%	66.4%
6	中央官庁	22.8%	62.1%
7	政党	18.3%	71.8%

まり信頼感を持っていない」を選んだ割合の合計である．

問題 1.1

各組織，団体の信頼度と不信度についての上の表を使って，信頼するとも信頼しないとも答えなかった割合を求め，考察してみよ．

(問題の解答例) これは単純に引き算をすればいいだけなので，表 1.5 のようになる．

表 1.5 信頼するとも信頼しないとも答えなかった割合

順位	各組織，団体	信頼度	不信度	不明
1	病院	71.4%	23.9%	4.7%
2	裁判所	68.0%	20.7%	11.3%
3	報道機関	66.0%	28.1%	5.9%
4	警察	51.3%	43.3%	5.4%
5	国会	25.4%	66.4%	8.2%
6	中央官庁	22.8%	62.1%	15.1%
7	政党	18.3%	71.8%	9.9%

この表から，不明の割合において，中央官庁が 15.1% と一番多く，ほぼ 10% 程度が裁判所、政党、国会で，それ以外は 5% 程度であった．ゆえに，各組織，団体を不明の割合から，3 グループにグループ分けすることが可能かも知れない．

実は，元のアンケート調査において不明となっていたのは，「考えたことがない」と無回答の合計であった．また，無回答はどの組織でも約 1% であった． ■

1.2.2　自動車事故死，飛行機事故死

自動車と飛行機，どちらが安全かについて以下のデータ (表 1.6) がある．

表 1.6　自動車と飛行機はどちらが安全か (2000 年データ)

安全に関する規準	自動車	飛行機
年間死亡者数	9066 人	9 人
移動距離 (100 億人キロ) あたりの死亡者数	95 人	1 人
移動距離 (100 億人キロ) あたりの搭乗死亡者数	42 人	1 人
利用 1 億回あたりの死亡者数	6.3 人	10 人

飯田泰之 (2007)『考える技術としての統計学』，NHK ブックスより一部抜粋

この表に関連した 2000 年度のデータを列挙しておく．

- 路上交通事故での死者数 (自動車の他，バイクや自転車での事故も含む事故発生後 24 時間以内の死者) は 9066 人 (『交通安全白書』)
- 航空事故での死者数は 9 人 (『運輸白書』『交通安全白書』)
- 国内での自動車による延べ移動距離は 9512.5 億人キロで，航空による延べ移動距離は 797 億人キロ
- 自動車に乗っている際の交通事故死者数は 3953 人
- 「輸送人員」では，自動車で移動した人が延べ 628.4 億人，航空では 0.9 億人，言い換えると，自動車が延べ 628.4 億回の利用，航空が延べ 0.9 億回の利用

問題 1.2

関連したデータを元に，表 1.6 の数値を計算し，確認せよ．

(問題の解答例)

(1) 移動距離 (100 億人キロ) あたりの死亡者数のチェック

$$\frac{9066}{9512.5} \times 100 = 95.3, \qquad \frac{9}{797} \times 100 = 1.1$$

(2) 移動距離 (100 億人キロ) あたりの搭乗死亡者数のチェック

$$\frac{3953}{9512.5} \times 100 = 41.6, \qquad \frac{9}{797} \times 100 = 1.1$$

(3) 利用 1 億回あたりの死亡者数のチェック

$$\frac{3953}{628.4} = 6.3, \qquad \frac{9}{0.9} = 10$$

利用 1 億回あたりの死亡者数としては，搭乗死亡者数を使用していることに注意.

以上の計算より，表 1.6 の数値に問題はないことがわかった. ■

問題 1.3

表 1.6 の計算の検証を踏まえて，2000 年のデータに限定してではあるが，移動距離あたりの搭乗死亡者数からは自動車の方が飛行機よりも 40 倍危険であるが，利用 1 億回あたりの搭乗死亡者数からは飛行機の方が自動車よりも危険であることがわかるので，

『利用する際の危険度でいえば，飛行機の方が自動車よりも危険である.』

この結論に対する検討を行え.

(問題の解答例) この表 1.6 での計算における

- 国内での自動車による延べ移動距離は 9512.5 億人キロで，航空による延べ移動距離は 797 億人キロ
- 「輸送人員」では，自動車で移動した人が延べ 628.4 億人， 航空では 0.9 億人

の背景データを確認してみると，

- 2000 年度における航空の延べ移動距離の 797 億人キロという数字は，国内定期航空旅客輸送での 796.9801 億人キロから導出されている.
- 2000 年度における自動車の延べ移動距離の 9512.5 億人キロという数字は，旅客輸送量での 9512.49 億人キロから導出されており，移動延べ人数は同じく旅客輸送量における人員の 628.41 億人から導出されている.

である. ここで気を付けることは，航空データは**国内定期航空旅客輸送**から導出さ

れており，自動車データは**旅客輸送量**から導出されているということである．しかし，問題はそこではなく，以下のデータである (表 1.7).

表 1.7　2000 年から 2004 年にかけての航空事故での死者数

年度	**旅客機**	自衛隊機	セスナ・ヘリ	合計
2000	0	9	0	9
2001	0	0	9	9
2002	0	4	8	12
2003	0	2	9	11
2004	0	2	11	13

出典：http://mirabeau.cool.ne.jp/air/2000.html

通常，旅客飛行機が墜落等の事故を起こせば，数十人から数百人が死亡[5]するはずであるにもかかわらず，データは 9 人の死亡事故であったことから何かおかしい，と考えるのが普通であり，それがこのデータの肝である．それに加えて，セスナ，ヘリコプターそれに自衛隊機による墜落死亡事故での死者数が，はたして国内定期航空旅客輸送での数字として使えるのか？　2000 年での航空事故による死亡者数が 9 名とあるが，これはすべて航空自衛隊機による墜落事故での死者であり，**民間航空会社での話ではない**．ゆえに，2000 年における航空事故の死者数としては，国内定期航空旅客輸送での死者数が 0 人なので，リスクはすべて 0 である．

以上の検討によれば，先の表 1.6 における自動車と飛行機の危険度比較は，データ的にはまったく当てはまらないものであった．

[5] 平成 30(2018) 年 12 月現在で，世界で起きた旅客飛行機事故での最大死亡者数は 520 名である．それは昭和 60(1985) 年 8 月に日本で起きた日航機墜落事故であった．生存者は僅か 4 名であった．

表 1.8 (追加資料) 2000 年から 2004 年にかけての国内定期航空旅客でのデータ

国内定期航空旅客 年度	延べ移動距離 (億人キロ)	延べ人数 (万人)	死亡者数 (人)
2000	796.9801	9287	0
2001	814.5886	9458	0
2002	830.1013	9566	0
2003	843.0653	9669	0
2004	817.6652	9377	0

データリテラシーの基本として，データの素性をまず調べることが大事である. 本来のデータは単なる抽象的な数字や記号等ではない. データは自身の特性に加えて，データに関連するさまざまな背景情報を伴った存在であるので，それらを総合的に判断すべきである.

1.3 確率的現象と決定論的現象

確率的現象と決定論的現象は，その事象の出現は異なることが普通である. 確率的現象は次に何が起こるかが事前にわからないのに対して，決定論的現象は次に何が起こるか事前にわかっているからである，すなわち，決定論的現象は確率 1 で起こることが事前にわかっているのである. しかし，それが同じ理論的背景を持つもののように見える法則がある.

ここでは，確率的現象として「市町村人口の先頭桁の数字例」を，決定論的現象として「フィボナッチ (Fibonacci) 数列の先頭桁の数字例」を示した後，理論値との比較を行っておくだけに留め，詳細は 2.2.1 で述べる.

1.3.1 市町村人口の先頭桁の数字例

平成 22(2010) 年における市町村人口の先頭桁の数字[6] をデータで見る (表 1.9). これは当然確率的現象といえる.

[6] 出典: 総務省 (1980, 1985, 1990, 1995, 2000, 2005, 2010)『国勢調査』. 市区町村単位は 2014 年 4 月現在. 市区町村コードは総務省『全国地方公共団体コード』による. 人口総数とは，国勢調査

表 1.9　平成 22 年度における市町村人口の先頭桁

先頭桁	市町村数	割合 (%)	理論 (%)
1	510	29.3	30.1
2	254	14.6	17.6
3	245	14.1	12.5
4	177	10.2	9.7
5	151	8.7	7.9
6	131	7.5	6.7
7	99	5.7	5.8
8	102	5.9	5.1
9	72	4.1	4.6
合計	1741	100.1	100

ここでいう理論値はどうやって導出されたものであるかは，32 ページで記述する．

1.3.2　フィボナッチ数列の先頭桁の数字

一方，決定論的現象の 1 つであるフィボナッチ数列

$$x_n = x_{n-1} + x_{n-2} \quad (n \geq 3), \quad x_1 = x_2 = 1$$

を考え，フィボナッチ数列に現れる先頭桁の数字を考える．ちなみに，先頭から 20 個のフィボナッチ数列は以下の通り：

1 1 2 3 5 8 13 21 34 55

89 144 233 377 610 987 1597 2584 4181 6765

フィボナッチ数列の関数式は以下の通り：

$$f(n) = \frac{1}{\sqrt{5}}\left\{\left(\frac{1+\sqrt{5}}{2}\right)^n - \left(\frac{1-\sqrt{5}}{2}\right)^n\right\} \quad (n \geq 1).$$

証明は数学的帰納法で行うことができる．

この場合も，理論値とかなり一致しているのがわかる．理論的な詳細は 32 ページを参照せよ．

時に日本国内に常住している者の総数．常住している者とは，当該住所に 3 ヶ月以上住んでいるか，または住むことになっている者をいう．外国国籍の者を含む．

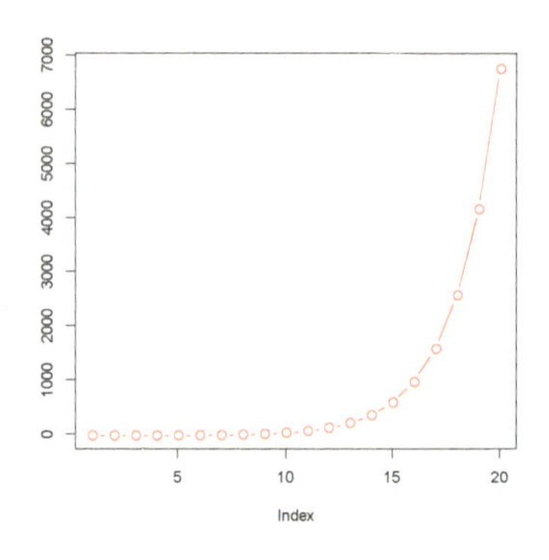

図 1.4　フィボナッチ数列のグラフ

表 1.10　フィボナッチ数列での例

先頭桁	個数	割合 (%)	理論 (%)
1	60	30	30.1
2	36	18	17.6
3	25	12.5	12.5
4	18	9	9.7
5	17	8.5	7.9
6	12	6	6.7
7	11	5.5	5.8
8	12	6	5.1
9	9	4.5	4.6
合計	200	100	100

第 1 章　練習問題

1.1　主催者発表の数字に関する考察をするために，次の 2 つの記事

例 1.2　(記事 1) 沖縄 11 万人抗議　検定意見撤回求める沖縄県民大会

2007 年 9 月 30 日 朝日新聞

「真実を知り，伝えていきたい」—29 日，沖縄県宜野湾市で開かれた教科書検定の意見撤回を求める県民大会では，2 人の高校生が思いを込めたメッセージを読み上げげた．関係団体はバスや駐車場を用意し，「歴史の改ざん」への抗議に結集を呼びかけた．予想を超える 11

万人が集まり，「本土」からの参加者の姿もあった．

(参考) 沖縄県人口は 136 万人 (当時) なので，11 万人は 8%.

例 1.3 (記事 2) 沖縄教科書抗議集会参加者は「4 万人強」　「11 万人」独り歩き

2007 年 10 月 7 日 産経新聞

主催者発表にモノ言えず— 先月 29 日に沖縄県宜野湾市で開かれた「教科書検定意見撤回を求める県民大会」の参加者数が主催者発表の 11 万人を大きく下回っていたことが明らかになった．
県警幹部は産経新聞の取材に「実際は 4 万人強だった」(幹部) と語ったほか，別の関係者も 4 万 2 千人〜4 万 3 千人と証言している．集会は，県議会各派や市長会などが実行委員会となり，沖縄戦で日本軍が直接，住民に集団自決を強制したとする記述が削除・修正された高校教科書検定の撤回を求めたもの．渡海紀三朗文部科学相は参加者数を主な理由に対応策を検討，国会でも誇張された 11 万人という数字を元に論争が進んでいる．

に加えて，以下の情報

- 集会が開かれた海浜公園の多目的広場は約 $25000\mathrm{m}^2$
- 仮に 11 万人の参加者として，会場に入りきれなかった人を 1 万人と仮定

を参考にして，参加者数は大体どれくらいになるかを考えよ．

1.2 大学入試センターのリスニングテストの不具合に関して，2 つのプレス発表資料

例 1.4 プレス発表資料 (平成 21 年 4 月 28 日)　独立行政法人大学入試センター
平成 21 年度大学入試センター試験英語リスニングにおける解答中に不具合等の申出があった機器の検証結果等について

1 検証対象機器台数 210 台
　(参考) リスニング受験者数 494541 人
2 検証方法
　不具合の申出があった機器について，メーカーが検証作業を実施．すべての機器について大学入試センター職員もヒアリング検査を実施．

3 検証結果 (単位：台，括弧内は昨年度)
A 機器の製造等に起因する不具合 11 (15)
B 機器の使用環境等に起因するもの 4 (17)
C 受験者から不具合の申出があったが，検証の結果，機器の不具合ではなかったもの 195 (110)
4 改善案
機器製造時の品質管理および検査を徹底するとともに，受験者に対する機器の操作方法の事前周知に努める．

例 1.5

プレス発表資料 (平成 22 年 7 月 30 日)　　独立行政法人大学入試センター

平成 22 年度大学入試センター試験英語リスニングにおける解答中に不具合等の申出があった機器の検証結果等について

1 検証対象機器台数 191 台
(参考) リスニング受験者数 507509 人
2 検証方法
不具合の申出があった機器について，メーカーが検証作業を実施．すべての機器について大学入試センター職員もヒアリング検査を実施．
3 検証結果 (単位：台，括弧内は昨年度)
A 機器の製造等に起因する不具合 18 (11)
B 機器の使用環境等に起因するもの 14 (4)
C 受験者から不具合の申出があったが，検証の結果，機器の不具合ではなかったもの 159 (195)
4 改善案
機器製造時の品質管理および検査を徹底するとともに，受験者に対する機器の操作方法の事前周知及び試験当日の説明方法の改善に努める．

を読んで，機器の不具合 A の台数を基本的に 0 にすることが可能か否か，を考えてみよ．この問題はまた 126 ページでも扱う．

1.3 平成 30 年度における NHK の人件費 [7] と海上保安庁の人件費 [8] に関するデータがある (表 1.11).
これらのデータや職務内容等も踏まえて，NHK の単純平均給与は海上保安庁と比較して妥当か否か，を検討してみよ．

なお，平成 30 年度 NHK の人件費の内訳は，給与 116,448,929 千円と退職手当・厚生費 49,297,293 千円であったが，会計的にはこれらの合計が人件

---

7) 『平成 30 年度　収支予算，事業計画及び資金計画』から抜粋した．
`https://www.nhk.or.jp/pr/keiei/yosan/yosan30/pdf/syushi.pdf`

8) 『平成 30 年度海上保安庁関係予算概要』から抜粋した．
`https://www.kaiho.mlit.go.jp/soubi-yosan/folder794/yosan/H30ketteishiropan.pdf`

表 1.11　人件費の比較

平成 30 年度 (百万円)	事業収入 予算	事業支出 予算	人件費 人件費	その他の支出 物件費	人件費／支出 人件費／予算
NHK	716,863	712,803	165,746	547,057	23.3%
海上保安庁	211,231	211,231	100,463	110,768	47.6%

上段の名称は NHK，下段の名称は海上保安庁に対応している．

平成 30 年度	人件費 (百万円)	人員数 (人)	単純平均給与
NHK	165,746	10,318	1606 万円
海上保安庁	100,463	13,944	720 万円

費として計上されるため，合計金額を NHK の人件費としている．また，国家公務員の人件費は，国家公務員に対して定期的に支給される給与費目 (職員基本給、職員諸手当、超過勤務手当) に退職手当や国家公務員共済負担金等を加えたものであるので，表 1.11 での比較は妥当である．

1.4 新聞通信調査会の 2009 年の調査内容で，新聞各社の「保守-革新」イメージはどうなっているか，というアンケート調査結果は以下の通り：

表 1.12　新聞社のイメージ (0 ：革新的，5 ：普通，10 ：保守的)

10 点満点	朝日	毎日	日経	産経	読売
総数	4.4	5.0	5.2	5.3	5.6
男性	4.3	5.0	5.3	5.5	5.8
女性	4.5	5.0	5.1	5.2	5.5
18〜19 歳	4.7	5.0	5.1	5.1	4.9
20 代	4.8	5.1	5.1	5.2	5.4
30 代	4.8	5.0	5.0	5.1	5.3
40 代	4.5	5.0	5.1	5.2	5.5
50 代	4.3	5.0	5.2	5.4	5.9
60 代	4.2	4.9	5.4	5.6	5.9
70 代以上	4.0	4.9	5.2	5.5	5.7

以下の設問に答えよ．

1. 各新聞社ごとに，年齢層別の評価を結んだグラフを，データの最小値と最大値を元に縦軸を区間 $[4, 6]$ で作成せよ．

2. 尺度 0 から 10 を元に縦軸を区間 $[0, 10]$ に合わせたグラフを同様に作成せよ．

3. 2 つのグラフを比較して，検討してみよ．

第2章 確率

2.1 確率の定義と役割

確率の定義には，高校までに学習した確率という名の割合から，試行回数を無限にした場合を想定した頻度論や数学的にきっちりとしたコルモゴロフの定義までいろいろと存在する．

2.1.1 確率のさまざまな定義

確率を哲学的に分類したものに『確率の哲学理論』(D.Gilles, 2000) があり，そこでは次の 5 つの説が存在している：

- **頻度説 (frequency)**： 同じ事柄の長い系列において，それが起こる一定の有限な頻度を確率と定義する．(頻度論的アプローチ)
- **傾向説 (propensity)**： 確率とは，繰り返される一連の条件に内在する傾向である．例えば，ある結果の生じる確率が p であるとは，ある条件が何度も繰り返される場合にその結果の生じる頻度が p に近づくという性質を，その条件自体が持つと考えることである．(漸近論的アプローチ)
- **論理説 (logical)**： 確率とは合理的信念の度合いである．仮説に対して，また予測において，同じ確証を持つすべての合理的人間は同じ度合いでそれを信じることを前提とする．(客観的ベイズアプローチ)
- **主観説 (subjective)**：確率とはある特定の個人が持つ信念の度合いである．ここでは，同じ確証を持つすべての合理的人間が同じ度合いで信念を持つとは前提されない．考え方の違いが許容される．(主観的ベイズアプローチ)

- **間主観説 (intersubjective)**：確率の主観説を発展させたものであるが，確率を個人の信念の度合いとはせず，ある社会集団で含意された信念の度合いとみなす．(間主観的ベイズアプローチ)

次に確率の数理的な定義を見てみる．いま考えている集合を Ω とする．ただし，空集合ではないとする．その中の部分集合を A とする，すなわち，$A \subset \Omega$ である．このとき，Ω に対する A のある種の割合として，以下のような定義がある．

- 組合せ論的確率 (ラプラス流)

$$P(A) = \frac{\#A}{\#\Omega}$$

ただし，$\#A$ は部分集合 A のサイズを意味する．

- 統計的確率 (頻度論)

$$\frac{\#A}{\#\Omega} \to p \quad (n \to \infty) \quad \Longrightarrow \quad P(A) = p$$

ただし，n は試行回数である．

- ベイズ的確率 (主観的，客観的)

ベイズ的確率とコルモゴロフによる公理的定義に関しては 42 ページで述べるが，ここで日常的に適当に使われている割合，比，率に関して，その定義の違いについてまとめておく．

比 (ratio) 2 つの互いに独立な変量 A, B に対して単に A/B としたもので，単位は元の単位に依存する．[1)]

割合 (proportion) 2 つの変量 A, B において，包含関係 $A \subset B$ のあるものに対して A/B としたもので，単位はキャンセルされて無単位である．[2)]

率 (rate) ある期間 B において，ある事象の発生した回数 A に対して A/B としたもので，期間 B に応じて瞬間的な率と平均的な率とがある．[3)]

---

1) "the relationship between two groups of people of things that is represented by two numbers showing how much larger one group is than the other" (Oxford Advanced Learner's Dictionary 9th ed., 2015)

2) "a part of share of a whole" (Oxford Advanced Learner's Dictionary 9th ed., 2015)

3) "a measurement of the speed at which something happens" (Oxford Advanced Learner's Dictionary 9th ed., 2015)

問題 2.1

先の定義によれば以下のものは，比 (ratio)，割合 (proportion)，率 (rate) のいずれに該当するであろうか？

打率，喫煙率，性比，BMI(Body-Mass Index)，所得税率，死亡率，有病率

2.1.2　ベン 図

確率を全体における割合として見た場合，小学校時代から馴染んできたベン図がある．

全体を Ω として，その部分集合 A, B, C を考えるとき

- 全体だけの場合

図 2.1　全体だけの場合

- 部分集合 A だけの場合

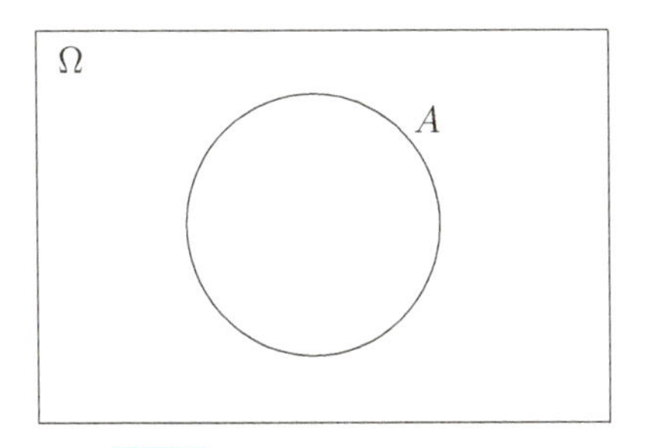

図 2.2　部分集合 A だけの場合

● 2 つの部分集合 A, B を考える場合

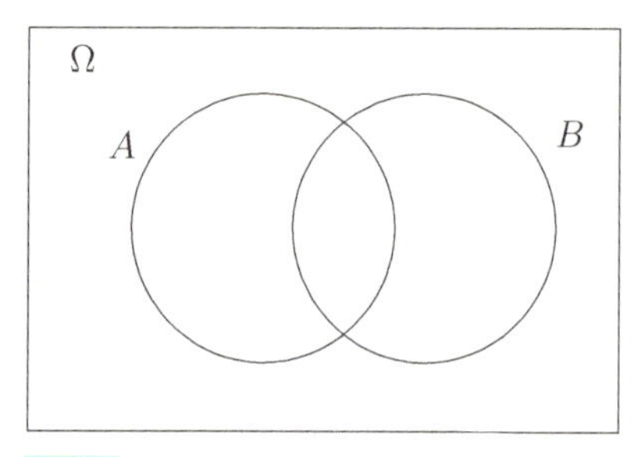

図 2.3 2 つの部分集合 A, B を考える場合

● 3 つの部分集合 A, B, C を考える場合

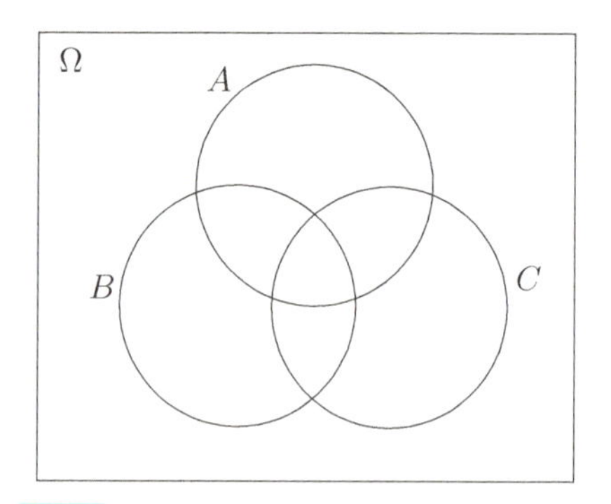

図 2.4 3 つの部分集合 A, B, C を考える場合

問題 2.2

上で考えた3つの場合に共通する論理を踏まえた上で，3つの部分集合 A, B, C を考える場合の図に，新たに部分集合 D を適切に加えよ．

(問題の解答例) ここでの共通する論理とは，各排反事象への最大の分割である．1つの部分集合 A に対しては，A と A^c の 2 個 $(2^1 = 2)$ へ，2 つの部分集合 A, B に対しては，

$$A \cap B^c, \quad A \cap B, \quad A^c \cap B, \quad (A \cup B)^c$$

の 4 個 $(2^2 = 4)$ へ，という論理であった．よって，3 つの部分集合では 8 個 $(2^3 = 8)$，4 つの部分集合では，最大の分割である 16 個 $(2^4 = 16)$ の排反な部分集合を作ればよい (図の提示は省略するので，各自考えてみよ)．■

2.2 確率の公理的定義

まず，事象の定義を以下にリストしておく．

表 2.1　事象の定義

事象	説明	Ω の部分集合
全事象 (total event)	起こりうる事象のすべて	Ω
空事象 (empty event)	決して起こらない事象	$\emptyset$
和事象 (union of events)： $\cup$	A または B または ...	$A \cup B \cup \cdots$
積事象 (intersection)： $\cap$	A かつ B かつ ...	$A \cap B \cap \cdots$
余事象 (complement)： ^{c}	A の否定	A^c
含意 (implication)： $\subset$	A ならば B	$A \subset B$
排反 (disjoint)	A と B は同時には起こらない	$A \cap B = \emptyset$
差事象 (difference)： $\setminus$	A が起きて B が起きない	$A \cap B^c = A \setminus B$

事象 A の余事象 A^c は，全事象と事象 A との差事象 $A^c = \Omega \setminus A$ とみなすことも可能である．また，余事象の記号として $\overline{A}$ を用いるものもあるが，ここでは A^c を使うことにする．

定義 2.1　確率の公理的定義

Ω を空でないある集合とする．このとき次の 2 つの条件を共に満たす 3 つの組 $(\Omega, \mathcal{F}, P)$ を確率空間 (probability space) という．$\mathcal{F}, P$ が満たすべき条件は以下の通り：

(1) $\mathcal{F}$ は Ω の部分集合を要素に持つ集合であり，次の 3 条件を満たすとき，この $\mathcal{F}$ を σ-集合族 (σ-field) という．

(a) $\Omega \in \mathcal{F}$

(b) $A \in \mathcal{F}$ ならば，A^c (A の補集合) $\in \mathcal{F}$

(c) 高々可算個の $A_1, A_2, \ldots$ が $\mathcal{F}$ に含まれる ($A_i \in \mathcal{F}$, $i = 1, 2, \ldots$) ならば，

$$\bigcup_{i=1}^{\infty} A_i \in \mathcal{F}$$

(2) すべての $A \in \mathcal{F}$ に対して，Ω から実数全体である $\mathbb{R}$ への実数値関数 $P(A)$ が次を満たすとき，この P を確率 (probability) という．

(a) $P(\Omega) = 1$

(b) $P(A) \geq 0$

(c) $A_1, A_2, \ldots \in \mathcal{F}$ に対して，$A_i \cap A_j = \emptyset$, $i \neq j$ (A_i と A_j は互いに排反) ならば

$$P\left(\bigcup_{i=1}^{\infty} A_i\right) = \sum_{i=1}^{\infty} P(A_i)$$

この定義はコルモゴロフによって定式化されたものである．高校までに習ってきた確率は，数学の世界では単に数学の戯れでしかなかったのであるが，この確率の定義によって初めて数学の一分野と認識され，その後大きく発展していったのである．その理由の 1 つが，σ-field の 3 番目の条件である加算性と，確率の 3 番目の条件である互いに排反性の組合せにある．排反性に関しては，先のベン図における問題との関連も参照せよ．

例 2.1 σ-field $\mathcal{F}$ の例

(1) Ω のすべての部分集合の集まりを 2^{Ω} と表すと，2^{Ω} は明らかに σ-field となる．これは Ω の σ-field の中で最大である．

(2) $\mathcal{F}_0 = \{\Omega, \emptyset\}$ とおくと，$\mathcal{F}_0$ は σ-field となり，これは Ω の σ-field の中で最小である．

(3) Ω の空でない真部分集合 A ($\subset \Omega$) に対して，

$$\mathcal{F} = \{\Omega, \emptyset, A, A^c\}$$

とおくと，$\mathcal{F}$ は A を含む最小の σ-field である．これは，$\mathcal{F}'$ が Ω 上の σ-field で $A \in \mathcal{F}'$ ならば，$\mathcal{F} \subset \mathcal{F}'$ となる，という意味での最小である．

(1) と (2) に関しては自主演習とし，(3) の証明だけを示しておく．

証明 定義 2.1 (1) の条件 (a) と条件 (b) は明らかなので，条件 (c) のみ示せばよい．$A_k \in \mathcal{F}$ $(k = 1, 2, 3, \ldots)$ とすると，

- ある k で $A_k = \Omega$ ならば，$\cup_{k=1}^{\infty} A_k = \Omega \in \mathcal{F}$
- ある k, j で $A_k = A$, $A_j = A^c$ ならば，$\cup_{k=1}^{\infty} A_k = \Omega \in \mathcal{F}$
- すべての k で $A_k \neq A, \Omega$ であって，かつある j で $A_j = A^c$ ならば，$\cup_{k=1}^{\infty} A_k = A^c \in \mathcal{F}$
- すべての k で $A_k \neq A^c, \Omega$ であって，かつある j で $A_j = A$ ならば，$\cup_{k=1}^{\infty} A_k = A \in \mathcal{F}$
- すべての k で $A_k \neq A, A^c, \Omega$ ならば，$\cup_{k=1}^{\infty} A_k = \emptyset \in \mathcal{F}$

以上のことから条件 (c) が示せた．この最小性を示すのには背理法を用いる．A を含む σ-field $\mathcal{F}'$ が存在して $\mathcal{F}' \subset \mathcal{F}$ であるとする．もし $A^c \in \mathcal{F} \setminus \mathcal{F}'$ ならば，$A \in \mathcal{F}'$ と条件 (b) より $A^c \in \mathcal{F}'$ となり矛盾．もし $A \in \mathcal{F} \setminus \mathcal{F}'$ ならば，$\mathcal{F}'$ が A を含むことに矛盾．ゆえに，$\mathcal{F}$ の最小性も示せた．■

問題 2.3

$\Omega = (-\infty, \infty)$ とし，次の部分集合を考える．

$$A = (-3, 1], \quad B = (0, 2].$$

この A, B を元に σ-field を作成せよ．

確率論に関する詳しい内容に関しては，このテキストでは触れないので，興味のある読者は，このシリーズにある他の成書を参照せよ．

(問題の解答例) 求める σ-field を $\mathcal{F}$ とおくと，まず $\Omega, \emptyset, A, B \in \mathcal{F}$ は明らか．ここで次の集合

$$C = (-\infty, -3], \quad D = (-3, 0], \quad E = (0, 1], \quad F = (1, 2], \quad G = (2, \infty)$$

を定義すると，C, D, E, F, G は互いに排反集合で和集合が Ω であり，

$$A = D \cup E, \quad B = E \cup F$$

である．ゆえに，$\{C, D, E, F, G\}$ の任意の和集合とその補集合もまた $\mathcal{F}$ に含めるとすると，$\mathcal{F}$ は $\{A, B\}$ を含む最小の σ-field となる． ■

2.2.1 ベンフォードの法則

確率的現象と決定論的現象に共通する法則の 1 つにベンフォード (Benford) の法則がある．

問題 2.4

市町村の人口のようなデータの先頭桁の数字は，1 から 9 までほとんど同じ割合で出現するはずであるが，なぜか 1 が多い．それはなぜであろうか？

証明 データとして現れる数字を X とし，

$$X = 10^a \times 10^m, \quad 0 \leq a < 1, \ m \in \mathbf{N}$$

とおくと，10^a の整数部分は必ず 1 から 9 となる．ちなみに，a を 0 から 1 まで 0.01 刻みに変化させたときの $a = 0(0.01)1$ における 10^a の結果は以下の通り：

```
[1] 1.000000 1.023293 1.047129 1.071519 1.096478 1.122018 1.148154
[8] 1.174898 1.202264 1.230269 1.258925 1.288250 1.318257 1.348963
[15] 1.380384 1.412538 1.445440 1.479108 1.513561 1.548817 1.584893
[22] 1.621810 1.659587 1.698244 1.737801 1.778279 1.819701 1.862087
[29] 1.905461 1.949845 1.995262 2.041738 2.089296 2.137962 2.187762
[36] 2.238721 2.290868 2.344229 2.398833 2.454709 2.511886 2.570396
[43] 2.630268 2.691535 2.754229 2.818383 2.884032 2.951209 3.019952
[50] 3.090295 3.162278 3.235937 3.311311 3.388442 3.467369 3.548134
[57] 3.630781 3.715352 3.801894 3.890451 3.981072 4.073803 4.168694
```

```
[64] 4.265795 4.365158 4.466836 4.570882 4.677351 4.786301 4.897788
[71] 5.011872 5.128614 5.248075 5.370318 5.495409 5.623413 5.754399
[78] 5.888437 6.025596 6.165950 6.309573 6.456542 6.606934 6.760830
[85] 6.918310 7.079458 7.244360 7.413102 7.585776 7.762471 7.943282
[92] 8.128305 8.317638 8.511380 8.709636 8.912509 9.120108 9.332543
[99] 9.549926 9.772372 10.000000
```

よって，X の先頭の数字が 1 となる場合

$$1 \leq 10^a < 2 \quad \Rightarrow \quad \log_{10}(1) \leq a < \log_{10}(2)$$

が成り立つ．一般には X の先頭の数字が $n(= 1, 2, \ldots, 9)$ となる場合，

$$n \leq 10^a < n+1 \quad \Rightarrow \quad \log_{10}(n) \leq a < \log_{10}(n+1)$$

が成り立つことから，X の先頭の数字が n となる確率は

$$P(n) = \log_{10}(n+1) - \log_{10}(n) = \log_{10}(1+1/n)$$

となる．ただし，a は区間 $[0, 1)$ 内の値を一様に取るとした．なお，

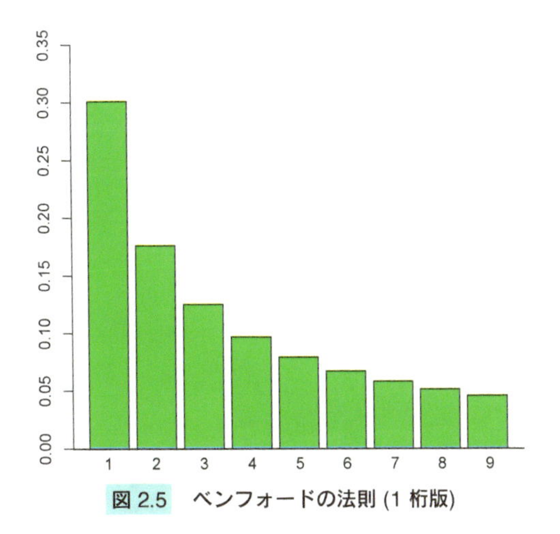

図 2.5　ベンフォードの法則 (1 桁版)

$$\sum_{n=1}^{9} P(n) = \sum_{n=1}^{9} \log_{10} \frac{n+1}{n} = \log_{10}(10) - \log_{10}(1) = 1$$

となるので，確率分布となっていることがわかる． ■

注 ベンフォードの法則が成立するためには，値の範囲が制限されていないもので，サンプルサイズも大きいことが十分条件となる．

ベンフォードの法則であるが，最初の 1 桁の数字ではあまり応用性がないが，2 桁のバージョンは財務分析で活用されているそうだ．

問題 2.5

ベンフォードの法則において，最初の 2 桁が $n(= 10, 11, \ldots, 99)$ となる確率を求めよ．

(問題の解答例) 1 桁の場合と同様にすると，X の先頭の数字が n となる場合

$$X = 100^a \times 10^m \quad \Rightarrow \quad q_n = \log_{100} \frac{n+1}{n} \quad (1/2 \leq a < 1)$$

とおけばよい．この総和を計算すると

$$\sum_{n=10}^{99} q_n = \sum_{n=10}^{99} \log_{100} \frac{n+1}{n} = \log_{100}(100) - \log_{100}(10) = \frac{1}{2}$$

となるので，求める確率は

$$P(X = n) = 2 \times q_n = 2 \log_{100} \frac{n+1}{n} = \log_{10} \frac{n+1}{n}$$

となる． ■

会計数字における先頭の 2 桁において，通常の会計処理を行っていれば，確率的には大体ここで求めた割合となるはずである．しかし，かなりの割合で 71, 82 や 94 とかで始まる数字のある会計報告においては，この法則を元にある種の不正があるのではないか，という疑いが持たれ，場合によっては詳細な会計報告のチェック

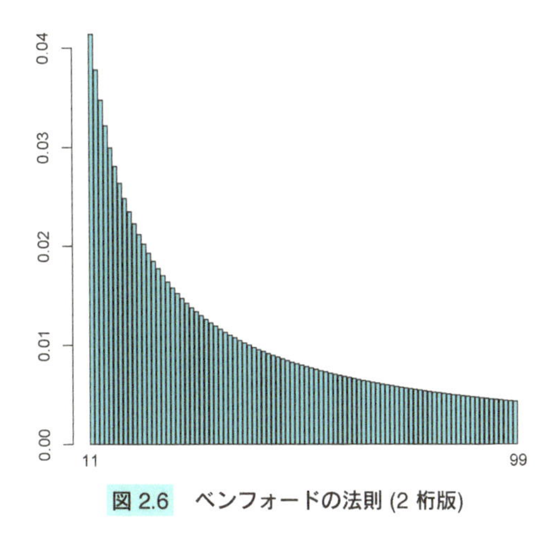

図 2.6　ベンフォードの法則 (2 桁版)

が始まるそうである．

2.3　条件付き確率とベイズの定理

確率空間 $(\Omega, \mathcal{F}, P)$ において，2 つの事象 $A, B(\subset \Omega)$ における関係を考える．少し前に出てきたベン図を利用する．

2.3.1　条件付き確率

ある事象 A の確率は $P(A)$ であるが，ある事象 B との関係で A と B が同時に成り立つときの積事象 $A \cap B$ の確率に対して，その確率をどう考えるのか，ということを見ていく．

定義 2.2

2 つの事象 A, B に対し，$P(B) > 0$ のとき

$$P(A|B) \;=\; \frac{P(A \cap B)}{P(B)} \tag{3.1}$$

を事象 B が与えられたときの A の条件付き確率 (conditional probability)

という．

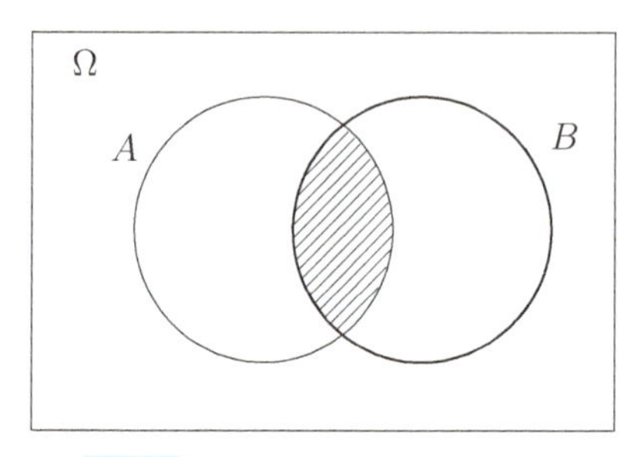

図 2.7　条件付き確率のイメージ図

$B = \Omega$ のときは

$$P(A|\Omega) = \frac{P(A \cap \Omega)}{P(\Omega)} = P(A)$$

となる．

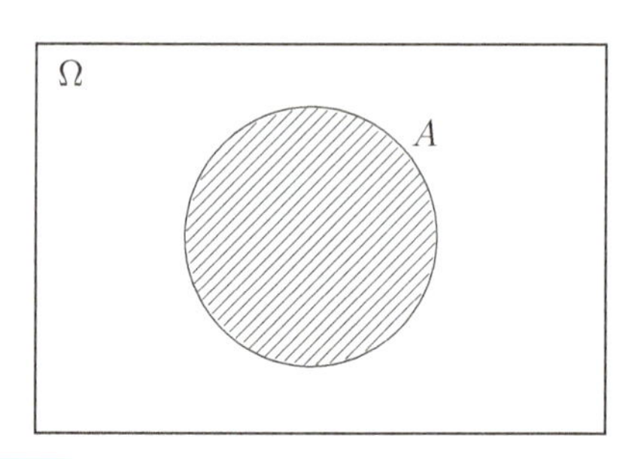

図 2.8　$B = \Omega$ のときの条件付き確率のイメージ図

これらの関係から，条件付き確率 $P(A|B)$ というのは，標本空間 Ω を部分集合の B に限定したときの事象 A の確率に等しいと考えることができる．当然，交わりである $A \cap B$ が空事象ならば，すなわち，$P(A \cap B) = 0$ ならば，条件付き確率は 0 である．条件付ける部分集合である B が空事象ならば，すなわち，$P(B) = 0$ ならば，条件付き確率 (3.1) は定義できない．

定理 2.1 加法定理 (addition theorem)

2つの事象 A, B に関して次の関係式が成り立つ.

$$P(A \cup B) = P(A) + P(B) - P(A \cap B).$$

証明 2つの事象の関係図

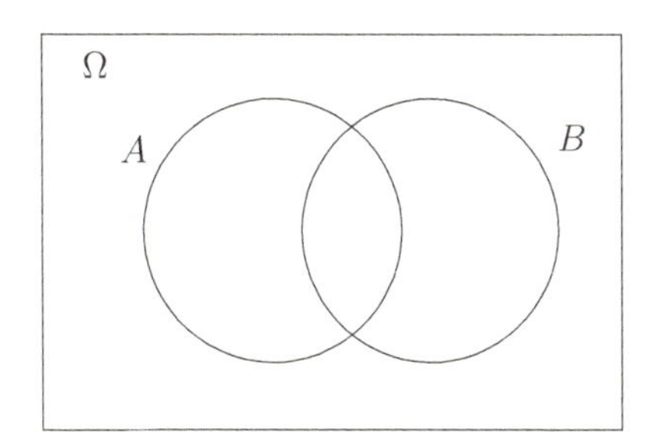

図 2.9 2つの事象の関係図

において，和事象 $A \cup B$ を排反事象に分解すると

$$A \cup B = (A \cap B^c) \cup (A \cap B) \cup (A^c \cap B)$$

であり，事象 A, B を排反事象に分解すると

$$A = (A \cap B^c) \cup (A \cap B), \quad B = (A^c \cap B) \cup (A \cap B)$$

であるので，その確率は以下の通り：

$$\begin{aligned} P(A \cup B) &= P(A \cap B^c) + P(A \cap B) + P(A^c \cap B), \\ P(A) &= P(A \cap B^c) + P(A \cap B), \\ P(B) &= P(A^c \cap B) + P(A \cap B). \end{aligned}$$

ゆえに，第2式から

$$P(A \cap B^c) = P(A) - P(A \cap B)$$

第 3 式から

$$P(A^c \cap B) = P(B) - P(A \cap B)$$

を第 1 式の右辺に代入すると

$$\begin{aligned} P(A \cup B) &= P(A \cap B^c) + P(A \cap B) + P(A^c \cap B) \\ &= \big(P(A) - P(A \cap B)\big) + P(A \cap B) + \big(P(B) - P(A \cap B)\big) \\ &= P(A) + P(B) - P(A \cap B) \end{aligned}$$

を得る. ■

定義 2.3

2 つの事象 A, B が

$$P(A \cap B) = P(A)P(B) \tag{3.2}$$

となるとき, A と B は確率 P に関し独立 (independent) であるという.

参考 2.1 独立性と排反性

事象 A, B の独立性と, 事象 A, B の排反性とは別物である. 独立性の定義から, 独立性は確率を計算しないと判定ができないが, 排反性は確率とは関係なく判定することができる.

また, A, B が排反事象であり, かつそれらの確率が 0 でないならば, A, B は独立とはならない, なぜなら独立であると仮定すると, $A \cap B = \emptyset$ であることから

$$0 = P(A \cap B) = P(A)P(B) \neq 0$$

となり矛盾することとなるから.

問題 2.6

サイコロを1回振るとき，事象 A として $A = \{1, 2\}$ とする．このとき，次の条件が成り立つような事象 B を2つ挙げよ．ただし，$B \neq \Omega, \emptyset$ とする．

(1) 事象 A と排反な事象 B
(2) 事象 A と独立な事象 B
(3) 事象 A と独立でもなく排反でもない事象 B

(問題の解答例)　事象の例だけ挙げるので各自確認せよ．

(1) $B = \{3, 4\}, \{5, 6\}$
(2) $B = \{2, 3, 4\}, \{2, 4, 6\}$
(3) $B = \{1, 2, 3\}, \{2, 3\}$ ■

次の問題は条件付き確率の計算であるが，検査の信頼性が検査だけに依存していないという意外な例となっている．

問題 2.7

あなたの住んでいる地域で，ある致命的な感染症に罹患する確率が1万分の1とする．心配になったあなたが，この感染症に罹患しているかどうかの検査を受けたところ，結果は陽性 (positive) とわかった．この検査の感度と特異度は共に 99% であった．実際にあなたがこの感染症にかかっている確率を求めよ．

ただし，感度は感染している人を陽性と判定する確率であり，特異度は感染していない人を陰性 (negative) と判定する確率である．

(問題の解答例)　感染症にかかる確率が1万分の1であるから，100万人について考える．100万人中感染している確率が1万分の1であるので感染者は100人となる．検査の感度が99%であるので，感染者100人のうち99人が陽性となり，1人が陰性となる．また非感染者999,900人のうちの1%が誤って陽性と診断されることから，以下のような平均値による表を得る：

表 2.2　平均値による表

平均値	陽性 (B)	陰性 (B^c)	合計
感染 (A)	99	1	100
非感染 (A^c)	9,999	989,901	999,900
合計	10,098	989,902	1,000,000

ここで，陽性である人の中で感染している確率を求めればいいので，

$$P(A \mid B) \;=\; \frac{P(A\cap B)}{P(B)} \;=\; \frac{99}{10,098} \;=\; 0.009804$$

となり，陽性であったあなたが感染している確率は，高々 1% もないことがわかる．ちなみに単純に感染している確率は，$P(A) = 0.0001$ である． ■

一般論としては以下のようになる．ここでは簡単のため，感度と特異度を共に信頼度と称して共通とする．α% の信頼度の検査で，β% の感染率においては，

表 2.3

	positive	negative	total
true	$\alpha\,\beta$	$(1-\alpha)\,\beta$	β
false	$(1-\alpha)(1-\beta)$	$\alpha(1-\beta)$	$1-\beta$
total	$\alpha\,\beta+(1-\alpha)(1-\beta)$	$(1-\alpha)\,\beta+\alpha\,(1-\beta)$	1

となるので，陽性と判定されたとき感染している確率は

$$p \;=\; \frac{\alpha\,\beta}{\alpha\,\beta+(1-\alpha)(1-\beta)}$$

である．以上のことから，1 から感染症にかかる確率 β を引いたものが検査の信頼度 α になったとき初めて，陽性と判定されたとき感染している確率 p が 0.5 となる (表 2.4)：

表 2.4　**陽性と判定されたとき感染している確率**

信頼度 (α)	
99%	0.98%
99.9%	9.08%
99.99%	50.00%
99.999%	90.91%
99.9999%	99.01%
99.99999%	99.90%

$$\frac{1}{2} = \frac{\alpha\beta}{\alpha\beta + (1-\alpha)(1-\beta)} \quad \Rightarrow \quad 1 = \alpha + \beta.$$

例 2.2　新型出生前診断におけるデータ 2013 年において，21 トリソミー (ダウン症) の新型出生前診断の感度は 99.1%，特異度は 99.9% であるが，アメリカ女性での発生頻度は，20 歳から 24 歳の母親では約 1/1562，35 歳から 39 歳では約 1/214，45 歳以上では約 1/19 である．

この場合，$\alpha_1\%$ の感度と $\alpha_2\%$ の特異度の検査で，$\beta\%$ の発生頻度においては，

表 2.5

	positive	negative	total
true	$\alpha_1\beta$	$(1-\alpha_1)\beta$	β
false	$(1-\alpha_2)(1-\beta)$	$\alpha_2(1-\beta)$	$1-\beta$
total	$\alpha_1\beta + (1-\alpha_2)(1-\beta)$	$(1-\alpha_1)\beta + \alpha_2(1-\beta)$	1

となるので，陽性と判定されたとき 21 トリソミーである確率は

$$p = \frac{\alpha_1\beta}{\alpha_1\beta + (1-\alpha_2)(1-\beta)}$$

である．結果を表にすると表 2.6 の通り：

この結果から，35 歳から 39 歳の妊婦で新型出生前診断を受け陽性と判定された場合，80%以上の確率で 21 トリソミーであることがわかるのである．

表 2.6　21 トリソミーの新型出生前診断

年齢層	発生頻度	陽性の判定においてダウン症である確率 (%)
20 歳から 24 歳	$\frac{1}{1562} \doteqdot 0.0006$	38.83
35 歳から 39 歳	$\frac{1}{214} \doteqdot 0.0047$	82.31
45 歳以上	$\frac{1}{19} \doteqdot 0.0526$	98.22

2.3.2　ベイズの定理

標本空間 Ω の中の事象 A, B に対して，A を与えた下での B の条件付き確率は，$P(A) > 0$ の条件の下で

$$P(B\,|\,A) \;=\; \frac{P(A \cap B)}{P(A)}$$

となっていた．これを逆に B を与えた下での A の条件付き確率は，$P(B) > 0$ の条件の下で

$$P(A\,|\,B) \;=\; \frac{P(B \cap A)}{P(B)}$$

である．ここで，積事象の対称性から $A \cap B = B \cap A$ なので，

$$P(A \cap B) \;=\; P(A)\,P(B\,|\,A) \;=\; P(A\,|\,B)\,P(B)$$

が得られる．この 2 番目の等式に着目すると

$$P(A)\,P(B\,|\,A) \;=\; P(A\,|\,B)\,P(B) \quad\Longrightarrow\quad P(B\,|\,A) \;=\; \frac{P(A\,|\,B)}{P(A)}\,P(B)$$

となり，事象 B の確率 $P(B)$ を事前確率 (prior probability) とみなすと，A を与えた下での条件付き確率 $P(B\,|\,A)$ を，事象 B の事象 A を経て得られた事後確率 (posterior probability) とみなすことができる．この事前確率による確率分布を事前分布 (prior distribution)，事後確率による確率分布を事後分布 (posterior distribution) という．

定理 2.2 全確率の公式

互いに排反な事象列 $\{A_i : i = 1, 2, \ldots\}$ によって全事象 Ω が $\Omega = \cup_{i=1}^{\infty} A_i$ と直和分解されるとき，任意の事象 $A \subseteq \Omega$ に対し

$$P(A) = \sum_{i=1}^{\infty} P(A_i)\, P(A \mid A_i)$$

が成り立つ (図 2.10).

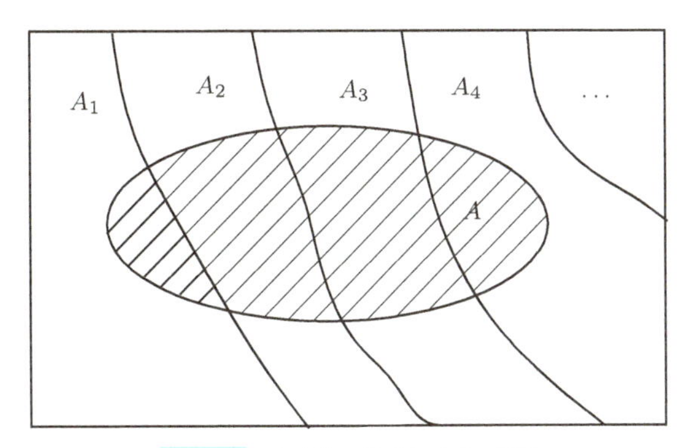

図 2.10 全確率の公式のイメージ図

このとき，$P(A_i)P(A \mid A_i) = P(A \cap A_i)$ に注意．この全確率の公式を用いると，次のベイズの定理が容易に求まる．

定理 2.3 ベイズの定理

全確率の公式における仮定の下で，事象 A が得られたことによる A_i の事後 (posterior) 確率 $P(A_i \mid A)$ は，事象 A に対する A_i の事前 (prior) 確率 $P(A_i)$ に対して，以下の関係式を満たす：

$$P(A_i \mid A) = \frac{P(A_i \cap A)}{P(A)} = \frac{P(A_i)\, P(A \mid A_i)}{P(A)}$$
$$= \frac{P(A_i)\, P(A \mid A_i)}{\sum_{i=1}^{\infty} P(A_i)\, P(A \mid A_i)}.$$

例 2.3 全事象 $\Omega = A_1 \cup A_2 \cup A_3$ における互いに排反な事象 $A_i (i = 1, 2, 3)$ の事前確率を

$$P(A_1) = \frac{1}{2}, \quad P(A_2) = \frac{1}{3}, \quad P(A_3) = \frac{1}{6}$$

とする．ここである事象 A の確率を $P(A) = \frac{1}{6}$ とし，そして事象の交わり $A_i \cap A$ の確率をそれぞれ

$$P(A_1 \cap A) = \frac{3}{60}, \quad P(A_2 \cap A) = \frac{3}{60}, \quad P(A_3 \cap A) = \frac{4}{60}$$

とすると，事後確率はそれぞれ

$$P(A_1 \mid A) = \frac{3}{10}, \quad P(A_2 \mid A) = \frac{3}{10}, \quad P(A_3 \mid A) = \frac{4}{10}$$

となる．このとき，

$$\sum_{i=1}^{3} P(A_i) = 1, \quad \sum_{i=1}^{3} P(A_i \cap A) = P(A), \quad \sum_{i=1}^{3} P(A_i \mid A) = 1$$

であることに注意．

第2章　練習問題

2.1 どの人も誕生日がどの日になるかは等確率であるという仮定の下で，クラスに同じ誕生日の人が少なくとも1組存在する確率が50%以上となるには，クラスが何人以上であればよいか．ただし，閏年の2月29日は考えないものとする．

2.2 人間ドックの「健常者」に関して，次の記事

例 2.4 人間ドック，「検査値異常なし」は過去最低 8.4%

2011年8月20日 (朝日新聞)

2010年に人間ドックを受けた308万人のうち，検査値に異常がない

> 「健常者」は過去最低の8.4%に留まると，日本人間ドック学会が19日に発表した．同学会が全国集計を始めた1984年は29.8%で，健常者の割合は年々減っている．
> 男女別では男性7.3%，女性10.2%だった．年代別では，39歳以下が17.7%，40歳代が9.9%，50歳代が5.6%，60歳以上が3.7%と，年齢が上がるにつれ健常者の割合が減っていた．
> 地域別では，最低が九州・沖縄地方の5.7%，最高が中国・四国地方の13.3%だった．その他は北海道が7.6%，東北が9%，関東・甲信越が8.1%，東海・北陸が8.3%，近畿が7.8%．

に対して，

- 一般的な人間ドック検査項目は60項目
- 各検査項目は互いに独立
- 各検査項目が異常のない人を誤って異常と判定する確率 α $(0 < \alpha < 1)$ は同一[4)]

であると仮定するとき，どの項目でも元々異常のない人がこの人間ドックで検査したとしたら，8.4% の確率で「健常者」となる α の値を求めよ．

2.3 自然数の1から100までを Ω とし，どの数字の確率も等確率とする．今，事象 A として $A = \{11, 12, \ldots, 20\}$ を考える．

1. 事象 A と排反な事象を2つ求めよ．
2. 事象 A と独立な事象 B で $P(A \cap B) = 1/100$ となる B を1つ求めよ．
3. 事象 A と独立な事象 B で $P(A \cap B) = 1/50$ となる B を1つ求めよ．
4. 事象 A と独立でなく排反でもない事象を2つ求めよ．

2.4 あなたの住んでいる地域で，ある感染症に罹患する確率が100分の1とする．心配になったあなたが，この感染症に罹患しているかどうかの検査を受けたところ，結果は陽性 (positive) とわかった．この検査の感度と特異度は共に

[4)] この仮定条件は非現実的ではあるが，ここでは簡単のためこのように仮定する．

90% であった．実際にあなたがこの感染症にかかっている確率を求めよ．ただし，感度は感染している人を陽性と判定する確率であり，特異度は感染していない人を陰性 (negative) と判定する確率である．

2.5 全事象 $\Omega = A_1 \cup A_2 \cup A_3 \cup A_4$ における互いに排反な事象 $A_i (i = 1, 2, 3, 4)$ の事前確率を

$$P(A_1) = \frac{1}{2}, \quad P(A_2) = \frac{1}{3}, \quad P(A_3) = \frac{1}{12}, \quad P(A_3) = \frac{1}{12}$$

とする．ここである事象 A の確率を $P(A) = \frac{1}{6}$ としたとき，事象の交わり $A_i \cap A$ の確率を適切に設定した上でその事後確率をそれぞれ求めよ．

2.6 3 つの事象 A, B, C に関して次の関係式が成り立つことを示せ．

$$\begin{aligned} P(A \cup B \cup C) = & P(A) + P(B) + P(C) \\ & -P(A \cap B) - P(B \cap C) - P(C \cap A) \\ & +P(A \cap B \cap C). \end{aligned}$$

第3章 データからの情報抽出

ここでは，データからの情報抽出に関する基本的な手法についてまとめるが，データの視覚化とその記述がその中心となる．

3.1 度数分布表とヒストグラム

度数分布表をグラフ化した具体的な例として，日本人の所得分布 (平成29年度版) における所得金額階級別世帯数のヒストグラム[1] を見てみる (図 3.1).

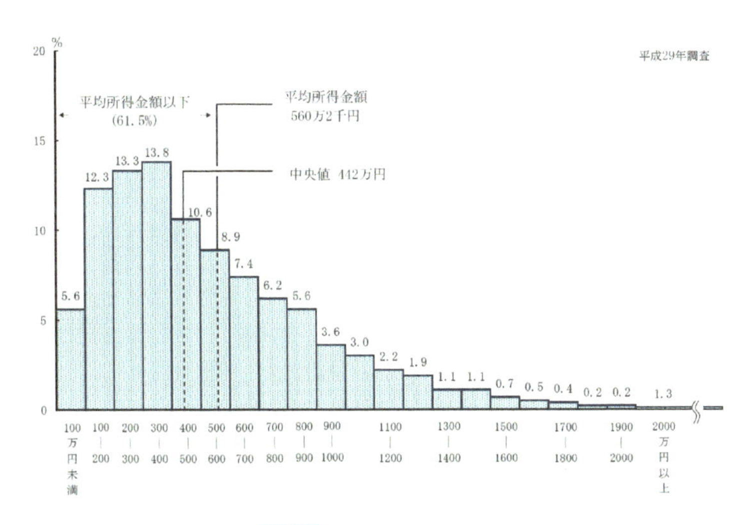

図 3.1 所得金額階級別世帯数

1) 厚生労働省平成 29 年 7 月 20 日発表の「平成 29 年国民生活基礎調査の概況」
https://www.mhlw.go.jp/toukei/saikin/hw/k-tyosa/k-tyosa17/index.html

1次元データに対して，まず行うことはその形状を把握することである．

- 度数分布表 (階級別のデータの度数)
- ヒストグラム (度数分布表の視覚化)
- ステムアンドリーフ (数字を用いたヒストグラム)

次のデータ

```
 3  5  6  6  6  6  6  7  7  7  7  7  7  7  7  7  8  8  8
 8  8  8  8  8  8  8  9  9  9  9  9  9  9  9  9  9  9  9
 9  9  9  9 10 10 10 10 10 10 10 10 10 10 10 10 10 10 10
10 10 10 10 10 11 11 11 11 11 11 11 11 11 11 11 11 11 11
12 12 12 12 12 12 12 12 12 12 12 12 12 13 13 13 13 14 14
14 14 15 15 16
```

から作成された度数分布表は以下のようなものである．

表 3.1　度数分布表の例

階級値	度数	累積度数
3	1	1
6	15	16
9	46	62
12	31	93
15	7	100
合計	100	

度数分布表は，n 個のデータ $x_1, x_2, \ldots, x_n$ があまり外れ値もなくある程度まとまった値を取っている場合，以下のように構成することができる．

(1) データの最小値 $x_{(1)} = \min_i x_i$ と最大値 $x_{(n)} = \max_i x_i$ を求める．[2)]
(2) データの範囲 R を $R = x_{(n)} - x_{(1)}$ で求める．
(3) 階級数 k を例えばスタージェス (Sturges) の公式 $k \simeq \log_2(n) + 1$ に近い整数値 (切り上げもしくは切り下げ) として定める．

2) 記号の添え字は，順序統計量

$$(\min_i x_i \;=) x_{(1)} \leq x_{(2)} \leq \cdots \leq x_{(n)} (= \max_i x_i)$$

の表示法から援用している．

(4) 階級の幅 w を $w > R/k$ となるように定める.

(5) 階級の境界値 $a_0 < a_1 < \cdots < a_k$ を

$$a_0 < x_{(1)} < a_1, \quad a_{k-1} < x_{(n)} < a_k, \quad a_i - a_{i-1} = w \ (i = 1, 2, \ldots, k)$$

となるように定める. ただし, 境界値はデータの最小単位を 1/2 だけ下げた値とする.[3]

(6) 階級値 $c_1 < c_2 < \cdots < c_k$ を $c_i = (a_{i-1} + a_i)/2 \ (i = 1, 2, \ldots, k)$ で定める.

(7) 各階級値 c_i に属するデータ数を度数 $f_i \ (i = 1, 2, \ldots, k)$ として求める.

(8) 累積度数 g_i を $g_i = f_1 + \cdots + f_i \ (i = 1, 2, \ldots, k)$ として求める.

表 3.2　度数分布表

階級値	度数	累積度数
c_1	f_1	$g_1 = f_1$
$\vdots$	$\vdots$	$\vdots$
c_i	f_i	$g_i = \sum_{j=1}^{i} f_j$
$\vdots$	$\vdots$	$\vdots$
c_k	f_k	$g_k = \sum_{j=1}^{k} f_j = n$
合計	n	

先の度数分布表 (表 3.1) にあるデータをヒストグラムで表現したものが図 3.2 となる.

先のデータをステムアンドリーフで表現したものが以下となる.

```
The decimal point is 1 digit(s) to the right of the |

0 | 3

0 | 5666667777777777888888888899999999999999999

1 | 0000000000000000000001111111111111111222222222222233334444

1 | 556
```

3) 例えば, 体重データが整数値だけである場合は, 最小単位は 1 kg になるので, それを 1/2 最小単位だけ下げた値は 0.5 kg となる.

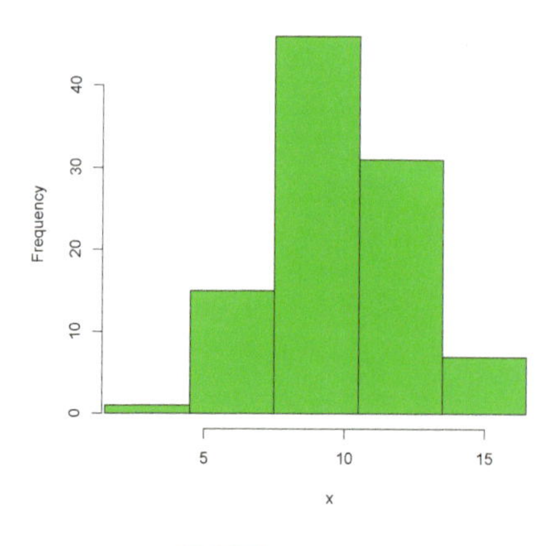

図 3.2　ヒストグラム

左端がステム (幹) に相当し，右側がリーフ (葉) に相当している．10 の位が 0, 0，1，1 を表しているステムに対して，リーフの値が 1 の位に対応しているので，上の例での読み方として，3 が 1 つ，5 が 1 つ，6 が 5 つ，などとなる．

別な表現のステムアンドリーフでは,

```
The decimal point is at the |
 3 | 0
 4 |
 5 | 0
 6 | 00000
 7 | 000000000
 8 | 0000000000
 9 | 0000000000000000
10 | 00000000000000000000
11 | 00000000000000
12 | 0000000000000
13 | 0000
14 | 0000
15 | 00
16 | 0
```

となる．この場合は右側のリーフは 0 を表しており，ステムは整数値である．0 により個数が表現された形になっている．

➤ 3.2　統計グラフの活用

統計グラフの典型的なものを見ていく．

(1) 棒グラフ (離散型データ)

棒グラフもしくは線グラフと呼ばれるもので，離散型データの度数表示や確率表示などに用いられる (図 3.3).

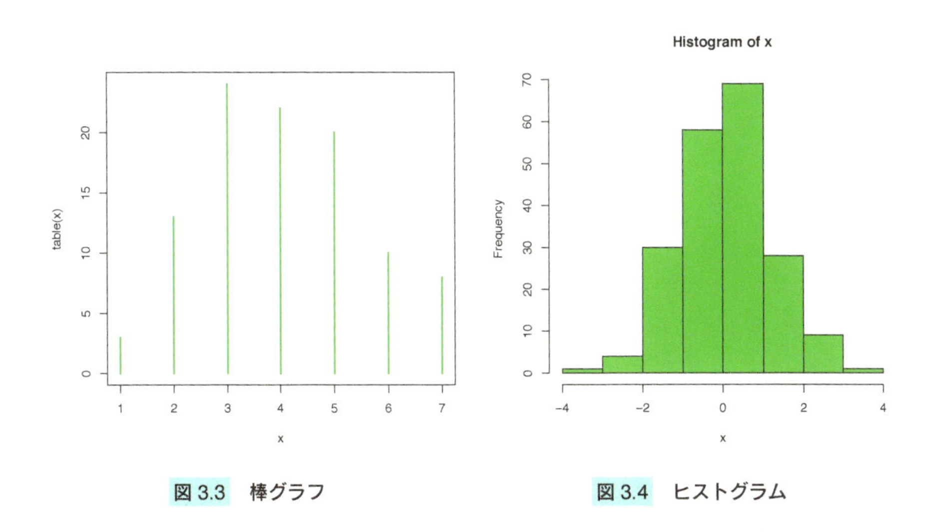

図 3.3　棒グラフ

図 3.4　ヒストグラム

(2) ヒストグラム (連続型データ)

ヒストグラムは連続型データの分布具合を見るのに一般的に使われるもので，データの形状がよくわかるが，ヒストグラムの区切りや階級の個数などを調整することで印象の違うヒストグラムを作成することも可能である (図 3.4).

(3) 箱ひげ図 (ボックスプロット) (中央値，第 1 四分位，第 3 四分位)

ボックスプロットは，主に第 1 四分位である 25%点，第 2 四分位である中央値 (50%点)，第 3 四分位である 75%点を図示することで，データの散らばりをヒストグラムとはまた違った形で表示することができる．別名箱ひげ図ともいう (図 3.5).

(4) 折れ線グラフ

時間に沿ったようなデータの推移を表示するのに使われる (図 3.6).

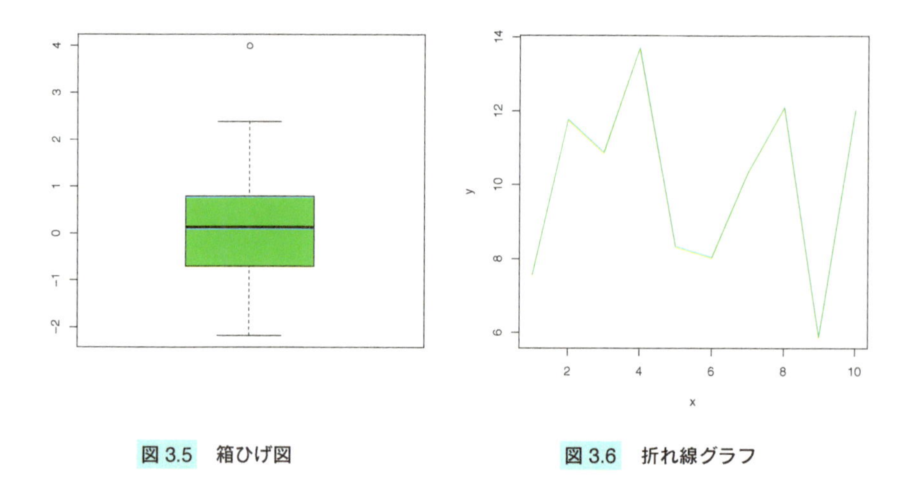

図 3.5　箱ひげ図

図 3.6　折れ線グラフ

(5) 円グラフ (パイチャート)(割合)

主として割合を構成するアイテムを同時に図示することで合計で 100%にするものである．2 次元表示ではあるが半径が同じなので，角度だけが割合に比例するものである．F. ナイチンゲールがパイチャートの発明者である (図 3.7).

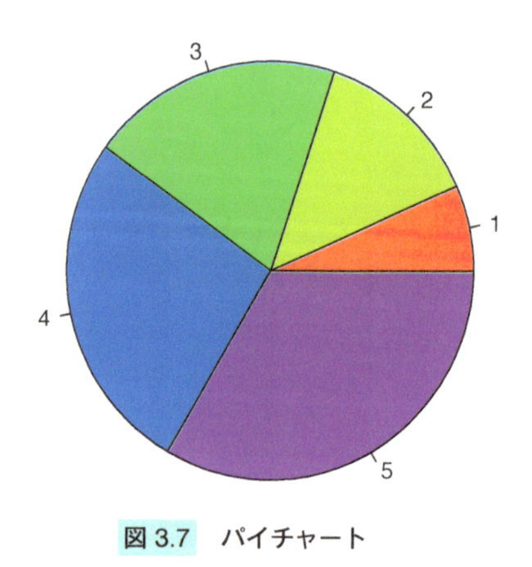

図 3.7　パイチャート

(6) チャーノフの顔 (多数データの同時表示)

チャーノフ (Chernoff) が提唱した多数アイテムの同時図示をするための顔

で，顔のパーツ (目の大きさやにっこり具合，鼻の長さ，口の大きさ等) にアイテムを対応させることで，最大 15 種類のアイテムを同時に図示することができる．ただ，どのアイテムをどの顔のパーツに対応させるかで，さまざまな顔を生成することができるので，都合のよい顔を作成するのに試行錯誤が必要となるが，それによって悪意のあるイメージ操作も可能となる点への注意も必要である (図 3.8).

図 3.8　チャーノフの顔

➤ 3.3　データの特性値 (代表値，ばらつき)

データの特性値としては，代表値とばらつきがある．代表値は，データのいろいろな性質を表す特性値で，ばらつきは，データの代表値に対するばらつきを表す特性値である．

3.3.1 データの代表値

いわゆるデータの代表値として次の五数といわれる統計量[4]がある：

- 最小値 (minimum) (min)：データの最小値
- 第 1 四分位 (first quarter) (Q_1)：データの下から 25%点の値
- 平均値 (mean) ($\bar{x}$)：データの平均値
- 第 3 四分位 (third quarter) (Q_3)：データの上から 25%点の値
- 最大値 (maximum) (max)：データの最大値

ここでは，平均値について詳しく見ていく．平均値は，標本の呼び名を強調したい場合，標本平均値とも呼ばれる．n 個のデータ $x_1, x_2, \ldots, x_n$ に対して，その和を個数で割った値が平均値である：

$$\bar{x} = \frac{x_1 + x_2 + \cdots + x_n}{n} = \frac{1}{n}\sum_{i=1}^{n} x_i = \sum_{i=1}^{n} \frac{1}{n} x_i.$$

これは，それぞれのデータに対して等分の重み $(1/n)$ を掛けて足したものとみなすことができる，すなわち，個々のデータをすべて均等に扱うのである．ゆえに，一部のデータに極端な値があったとすると，データの重みが均等であるがために，平均値がそのデータに引きずられてしまうのである．

これを一般化したものが，次の重み付き平均値

$$\bar{x}_w = \sum_{i=1}^{n} w_i x_i \quad (\forall w_i \geq 0, \ \sum_{i=1}^{n} w_i = 1)$$

である．

問題 3.1

次のデータの平均値をそれぞれ求めよ．

(1) (データ 1) $x^{(1)} = \{1, 2, 3, 4, 5, 6, 7, 8, 9, 10\}$
(2) (データ 2) $x^{(2)} = \{1, 1, 1, 1, 1, 10, 10, 10, 10, 10\}$
(3) (データ 3) $x^{(3)} = \{3, 3, 3, 3, 4, 4, 6, 9, 10, 10\}$

---

4) テューキー (Tukey) の 5 点要約値では，平均ではなくて中央値が用いられる．

(問題の解答例)

(1) データ 1 の平均値は $\overline{x^{(1)}} = 5.5$ である.
(2) データ 2 の平均値は $\overline{x^{(2)}} = 5.5$ である.
(3) データ 3 の平均値は $\overline{x^{(3)}} = 5.5$ である.

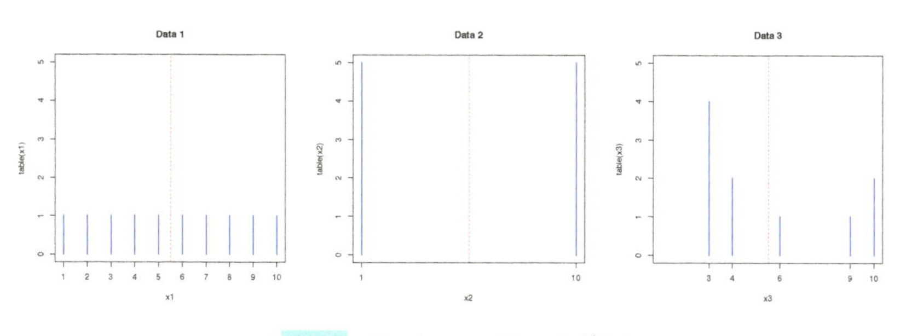

図 3.9　データ 1~3 のヒストグラム

問題の結果を見ると，データ自体は 3 種類とも異なるのであるが，平均値では一致していることがわかる．グラフで見ればその違いは一目瞭然であるが，平均値だけを見ていてはそのことはわからない．そこで重要になるのは，まずデータをグラフで見ることと，データのばらつきを把握することである．

平均値以外にもデータの代表値としてよく使われるものに，

- 中央値 (median)：データの真ん中の値
- 最頻値 (mode)：データの値 (階級値) で最も度数の多い値 (階級値)

がある．先のデータで見ると，

- データ 1：中央値は 5.5 で，最頻値は全部のデータの値となる．
- データ 2：中央値は 5.5 で，最頻値は $1, 10$ となる．
- データ 3：中央値は 4 で，最頻値は 3 となる．

中央値の定義のために，データ $x_1, x_2, \ldots, x_n$ に対して順序付けをした

$$\min_i x_i = x_{(1)} \leq x_{(2)} \leq \cdots \leq x_{(n)} = \max_i x_i$$

すなわち，順序統計量 (order statistics) を用意すると，中央値は

$$\mathrm{Med}(x) = \begin{cases} x_{\left(\frac{n+1}{2}\right)} & n \text{ が奇数 (odd number) のとき,} \\ \dfrac{x_{\left(\frac{n}{2}\right)} + x_{\left(\frac{n}{2}+1\right)}}{2} & n \text{ が偶数 (even number) のとき} \end{cases}$$

と定義される．ただし，n が偶数の場合，$x_{\left(\frac{n}{2}\right)}$ と $x_{\left(\frac{n}{2}+1\right)}$ の間の任意の数も中央値ということもできるので，それを定義とすることもある．

所得金額階級別世帯数に関する図 3.1 を再掲すると

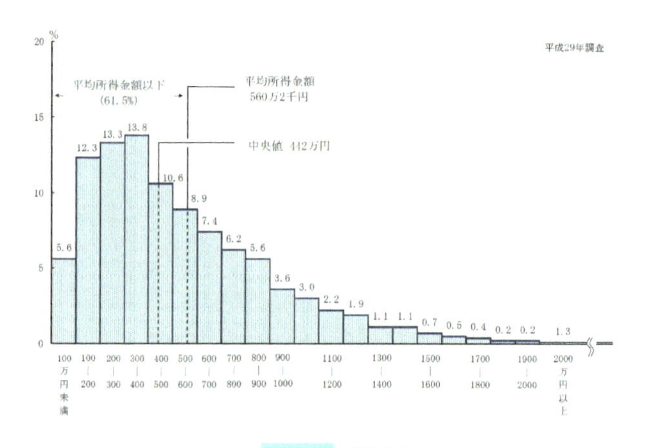

図 3.10　図 3.1

から，所得金額の平均値は 560 万 2 千円，中央値は 442 万円，最頻値は 350 万円となることがわかる．一般的に，右に長く裾を引く分布においては，

$$\text{最頻値} \leq \text{中央値} \leq \text{平均値}$$

という関係が成り立つ．

また，データ $x_1, \ldots, x_n$ における平均値が $\bar{x}$ で中央値が $\mathrm{Med}(x)$ であるとき，データの個数が n とわかっているのであれば，平均値については

$$n\,\bar{x} \;=\; \sum_{i=1}^{n} x_i$$

となりデータの総和を得ることができるのであるが，中央値については一般に

$$n\,\mathrm{Med}(x) \;\neq\; \sum_{i=1}^{n} x_i$$

となりデータの総和を得ることができない．

参考 3.1 平均値と中央値の違いの例

例えば，プロ野球のある球団における選手の年俸データに対して，平均値は球団側にとっては有益であるが選手側にとってはあまり有益ではなく，中央値は球団側にとってはあまり有益ではないが選手側にとっては有益である．なぜならば，球団側は支払っている年俸総額を得るために平均値を用い，選手側は自分の年俸の (ほぼ真ん中かそれ以上かそれ以下かという) 位置づけを得るために中央値を用いるからである．

3.3.2　データのばらつき

データの代表値はデータを代表する値であるが，それだけではデータのばらつきに関する情報は得られない．そこで，次のような統計量でデータのばらつきを把握することができる．

データ $x_1, \ldots, x_n$ に対して，

- 範囲 (range) R：最大値から最小値を引いた値

$$R \;=\; \max_i x_i - \min_i x_i \;=\; x_{(n)} - x_{(1)}$$

- 分位点 (quantile)：データを昇順に並べ替えたときに，最小値から見て全体の α% に相当する値 ($0 \leq \alpha \leq 100$)
- 第 1 四分位 (Q_1)： 25% 分位点で，最小値から見て全体の 25% に相当する値
- 第 3 四分位 (Q_3)： 75% 分位点で，最小値から見て全体の 75% に相当する値

- 四分位範囲 (inter-quantile range)：第 1 四分位 (Q_1) と第 3 四分位 (Q_3) とで得られる範囲
- 四分位偏差 (quantile deviation) Q：第 3 四分位 (Q_3) から第 1 四分位 (Q_1) を引いて 2 で割った値

$$Q = \frac{Q_3 - Q_1}{2}$$

- 分散 (variance) s_x^2：平均との差の 2 乗における平均値

$$s_x^2 = \frac{1}{n}\sum_{i=1}^{n}(x_i - \bar{x})^2 = \frac{1}{n}\sum_{i=1}^{n}x_i^2 - (\bar{x})^2$$

がそれぞれ定義される.

問題 3.2

次のデータの分散をそれぞれ求めよ.

(1) (データ 1) $x^{(1)} = \{1, 2, 3, 4, 5, 6, 7, 8, 9, 10\}$
(2) (データ 2) $x^{(2)} = \{1, 1, 1, 1, 1, 10, 10, 10, 10, 10\}$
(3) (データ 3) $x^{(3)} = \{3, 3, 3, 3, 4, 4, 6, 9, 10, 10\}$

(問題の解答例) 問題 3.1 の結果から，データ 1，データ 2，データ 3 の標本平均はすべて同じ 5.5 であるが，それぞれの分散は以下の通りである.

(1) データ 1 の分散は 8.25 である.
(2) データ 2 の分散は 20.25 である.
(3) データ 3 の分散は 8.25 である.

■

問題 3.3

分散公式

$$s_x^2 = \frac{1}{n}\sum_{i=1}^{n}x_i^2 - (\bar{x})^2$$

を証明せよ.

(問題の解答例)　以下のような計算によって求めることができる.

$$\begin{aligned} s_x^2 &= \frac{1}{n}\sum_{i=1}^{n}(x_i - \bar{x})^2 \\ &= \frac{1}{n}\sum_{i=1}^{n}(x_i^2 - 2\bar{x}x_i + \bar{x}^2) \\ &= \frac{1}{n}\sum_{i=1}^{n}x_i^2 - 2\,\bar{x}\left(\frac{1}{n}\sum_{i=1}^{n}x_i\right) + \bar{x}^2\left(\frac{1}{n}\sum_{i=1}^{n}1\right) \\ &= \frac{1}{n}\sum_{i=1}^{n}x_i^2 - 2\,\bar{x}^2 + \bar{x}^2 \;=\; \frac{1}{n}\sum_{i=1}^{n}x_i^2 - \bar{x}^2 \end{aligned}$$

■

必要とあらば，この問題のように偏差 $x_i - \bar{x}$ を分解処理しなくてはならないが，恒等式

$$\sum_{i=1}^{n}(x_i - \bar{x}) \;=\; 0$$

の利用が可能となるので，通常は偏差を極力残した形で処理する方が便利なことが多い.

- 標準偏差 (standard deviation) s_x：分散の正の平方根

$$s_x \;=\; \sqrt{s_x^2} \;=\; \sqrt{\frac{1}{n}\sum_{i=1}^{n}(x_i - \bar{x})^2}$$

分散と違い標準偏差ではデータの単位が元のデータと同じなので，散らばりの指標としては使いやすい.

- 歪度（わいど） (skewness) α_3：対称からのずれの指標

$$\alpha_3 \;=\; \frac{\frac{1}{n}\sum_{i=1}^{n}(x_i - \bar{x})^3}{s_x^3}$$

形状が平均に対して対称ならば歪度はほぼ 0 となり，右に長く裾を引く形状では歪度は正となりやすく，反対に左に長く裾を引く形状では歪度は負となりやすい (図 3.11).

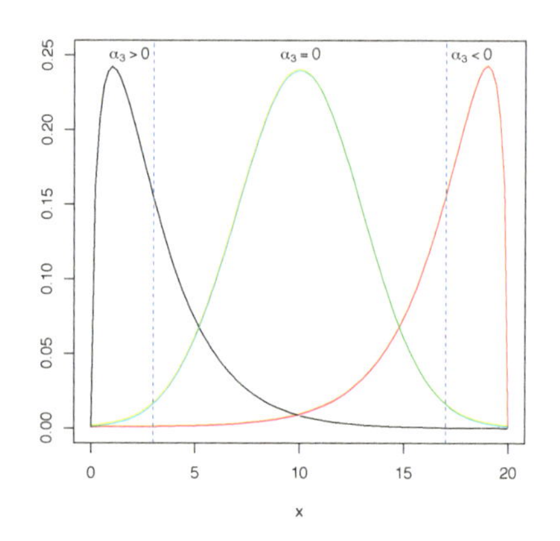

図 3.11　分布の形状における歪度の正負

- 尖度(せんど) (kurtosis) α_4：正規分布の尖りと比べた指標

$$\alpha_4 = \frac{\frac{1}{n}\sum_{i=1}^{n}(x_i - \bar{x})^4}{s_x^4} - 3$$

  形状が正規分布の尖りと比べて同じ程度であればほぼ 0 となり，正規分布より尖っているならば正となり，正規分布より尖っていないならば負となる (図 3.12).

- 変動係数 (coefficient of variation)：標本平均に対する相対的な散らばりの大きさで，データが正の値のみを取るときに使われる．単位は無単位である．

$$\mathrm{CV} = \frac{s_x}{\bar{x}}$$

例えば，200 万円の車を購入しようとするときのデータの散らばり具合と，500 円のランチを購入しようとするときのデータの散らばり具合とを変動係数で比較することを考えよう．データは以下の通りとする．

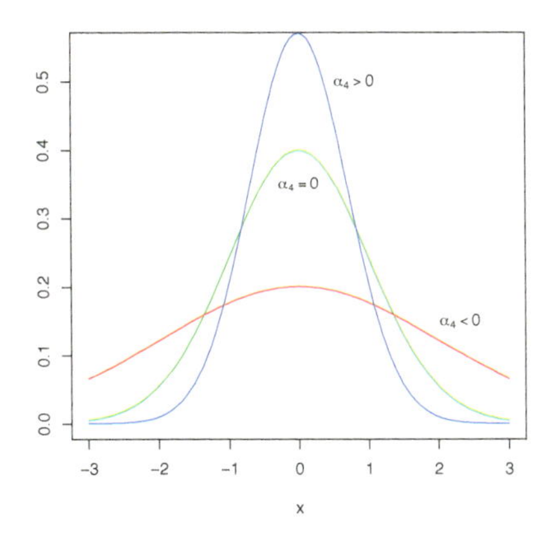

図 3.12　分布の形状における尖度の正負

- 車のデータ (万円)：

```
[1] 199.0 208.0 191.8 208.3 206.4 201.3 182.3 200.6 198.1 200.2
Min.   1st Qu.  Median  Mean   3rd Qu.  Max.
182.3  198.3    200.4   199.6  205.1    208.3
```

- ランチのデータ (円)：

```
[1] 430 520 390 540 550 550 490 450 510 570
Min.   1st Qu.  Median  Mean   3rd Qu.  Max.
390.0  460.0    515.0   500.0  547.5    570.0
```

これから計算される変動係数であるが，変動係数が無単位であるので，車とランチの単位を (万円，円) としても (円，円) としても同じで

$$\text{車の CV} = 0.037, \quad \text{ランチの CV} = 0.112$$

となる．この結果，ランチの変動係数は車の変動係数よりも大きく約 3 倍であることがわかる．元のデータの散らばりは図 3.13 の通りである．ただし，車は万円，ランチは円での表記としている．

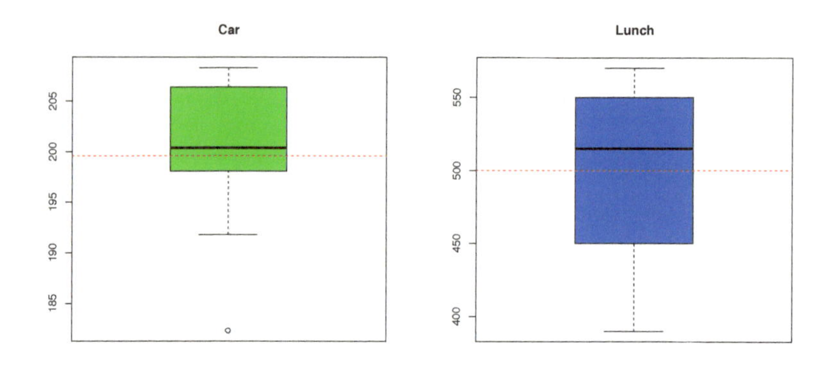

図 3.13　データの散らばり

➤ 3.4　標準化と標準得点

あるクラスにおいて，身長のデータと座高のデータを比較したり，国語の点数と数学の点数をそのまま点数だからと比較することが多い．前者は長さという物差しが同じ，後者は点数という物差しが同じだから一見すると比較可能なようにも思えるが，これには注意が必要である．

標準化自体はあるデータが与えられたとき，その標本分散が 0 でなければいつでも可能ではあるが，標準化を行うことが必要となるのは，少なくとも 2 つ以上の異なる種類のデータが得られそれらを共通した物差しで比較するときである．

$$x_1, x_2, \ldots, x_n, \qquad y_1, y_2, \ldots, y_m$$

という 2 種類のデータに対して，平均と分散をそれぞれ $\bar{x}, s_x^2$，$\bar{y}, s_y^2$ とおくとき，$s_x^2 > 0, s_y^2 > 0$ ならば

$$z_i = \frac{x_i - \bar{x}}{s_x}, \quad w_j = \frac{y_j - \bar{y}}{s_y} \quad (i = 1, \ldots, n,\ j = 1, \ldots, m)$$

がそれぞれ標準化したものとなる．

このとき，z_i, w_j の標本平均と標本分散は

$$\bar{z} = \bar{w} = 0, \quad s_z^2 = s_w^2 = 1$$

となる.

問題 3.4

標準化したデータの標本平均は0で，標本分散は1となることを示せ.

(問題の解答例) データ $x_1, x_2, \ldots, x_n$ について考えれば十分である. 標準化されたデータは

$$z_i = \frac{x_i - \bar{x}}{s_x} \quad (i = 1, 2, \ldots, n)$$

なので，この標本平均は

$$\bar{z} = \frac{1}{n}\sum_{i=1}^{n} z_i = \frac{1}{n}\sum_{i=1}^{n}\frac{x_i - \bar{x}}{s_x} = \frac{1}{s_x}\left(\frac{1}{n}\sum_{i=1}^{n} x_i - \bar{x}\right) = 0$$

となり，標本分散は $\bar{z} = 0$ より

$$\begin{aligned} s_z^2 &= \frac{1}{n}\sum_{i=1}^{n}(z_i - \bar{z})^2 = \frac{1}{n}\sum_{i=1}^{n} z_i^2 \\ &= \frac{1}{n}\sum_{i=1}^{n}\left(\frac{x_i - \bar{x}}{s_x}\right)^2 = \frac{\frac{1}{n}\sum_{i=1}^{n}(x_i - \bar{x})^2}{s_x^2} = \frac{s_x^2}{s_x^2} = 1 \end{aligned}$$

となる. ■

➤ 3.5 散布図，共分散

2変量データ

$$(x_1, y_1), (x_2, y_2), \ldots, (x_n, y_n)$$

に対して，平均と分散をそれぞれ $\bar{x}, s_x^2$, $\bar{y}, s_y^2$ とおく. このデータを2次元上に散布した図を散布図 (scatter plot) もしくは相関図 (correlation chart) という (図3.14).

この2つの散布図における違いを数量的に見るために，標本共分散を求める.

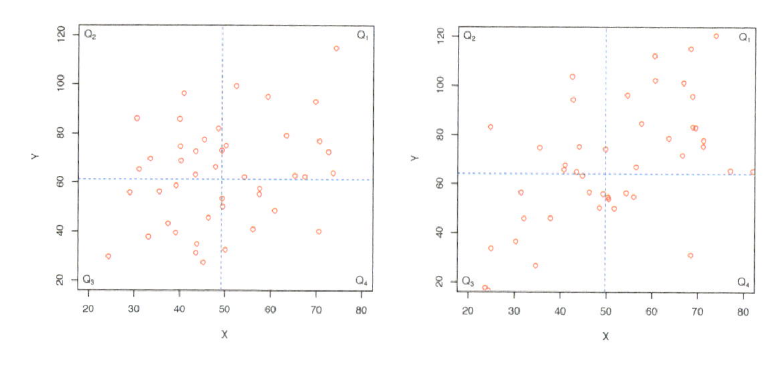

図 3.14　散布図 (点線はそれぞれの平均値)

$$s_{xy} = \frac{1}{n}\sum_{i=1}^{n}(x_i - \bar{x})(y_i - \bar{y})$$

で定義すると，平均の差 (偏差 (deviation)) の正負により以下のことがわかる．

(1) $x_i - \bar{x} \geq 0$ かつ $y_i - \bar{y} \geq 0$ の場合 (第 1 象限 Q_1) ： $(x_i - \bar{x})(y_i - \bar{y}) \geq 0$
(2) $x_i - \bar{x} < 0$ かつ $y_i - \bar{y} \geq 0$ の場合 (第 2 象限 Q_2) ： $(x_i - \bar{x})(y_i - \bar{y}) \leq 0$
(3) $x_i - \bar{x} < 0$ かつ $y_i - \bar{y} < 0$ の場合 (第 3 象限 Q_3) ： $(x_i - \bar{x})(y_i - \bar{y}) \geq 0$
(4) $x_i - \bar{x} \geq 0$ かつ $y_i - \bar{y} < 0$ の場合 (第 4 象限 Q_4) ： $(x_i - \bar{x})(y_i - \bar{y}) \leq 0$

となるので，

(1) 第 1 象限と第 3 象限にデータが多く集まっている場合は $s_{xy} \geq 0$ となりやすい
(2) 第 2 象限と第 4 象限にデータが多く集まっている場合は $s_{xy} \leq 0$ となりやすい
(3) すべての象限に万遍なく散らばっている場合は $s_{xy} = 0$ となりやすい

ことがわかる．

➤ 3.6　相関係数と回帰直線

相関係数に関して，マーコヴィッツのポートフォリオ理論との関係を示したのち，回帰直線の導出を行う．まず相関係数 (correlation coefficient) の定義を示すと

$$r_{xy} = \frac{s_{xy}}{s_x\, s_y} = \frac{s_{xy}}{\sqrt{s_x^2\, s_y^2}}$$

が定義となる．これは $|r_{xy}| \leq 1$ を満たす．

3.6.1 マーコヴィッツのポートフォリオ理論

マーコヴィッツ (Harry Markowitz) は，ポートフォリオ理論の提唱者で 1990 年にノーベル経済学賞を受賞した．マーコヴィッツのポートフォリオ理論を理解する上での簡単な例を，以下に見ていく．

表 3.3　A 社と B 社の収益率

収益率	平均値	標準偏差	分散
A 社 (x)	0.055	0.203	0.041
B 社 (y)	0.198	0.357	0.127

今株式を購入するとして，表 3.3 の 2 社 A,B に注目しているとする．A 社は，収益率は低いけれども標準偏差では比較的安定しているが，B 社は，標準偏差は安定していないけれども収益率では高い．この 2 社に対してどのような割合で株式を購入すれば，収益率がそこそこ高くて標準偏差もそこそこ安定しているような状況を得ることが可能であろうか．そこで以下の問題となる．

問題 3.5

この 2 社をどのような割合で保持すれば，リスクを軽減することができるのか．

この 2 社を $0 \leq \alpha \leq 1$ の割合で混合した場合

$$w_i \;=\; \alpha x_i + (1-\alpha) y_i \quad (i = 1, \ldots, n),$$

その平均値と標本分散はそれぞれ

$$\bar{w} = \frac{1}{n}\sum_{i=1}^{n} w_i \;=\; \frac{1}{n}\sum_{i=1}^{n} (\alpha x_i + (1-\alpha) y_i) \;=\; \alpha\bar{x} + (1-\alpha)\bar{y},$$

$$s_w^2 = \frac{1}{n}\sum_{i=1}^{n} (w_i - \bar{w})^2 \;=\; \frac{1}{n}\sum_{i=1}^{n} (\alpha(x_i - \bar{x}) + (1-\alpha)(y_i - \bar{y}))^2$$

$$= \alpha^2 s_x^2 + (1-\alpha)^2 s_y^2 + 2\alpha(1-\alpha) r_{xy} s_x s_y$$
$$= (\alpha s_x + (1-\alpha)s_y)^2 - 2\alpha(1-\alpha)(1-r_{xy})s_x s_y \ \leq \ (\alpha s_x + (1-\alpha)s_y)^2$$

となる．標本分散 s_w^2 が最小となるのは，それぞれの標本分散 s_x, s_y が固定されているとすると $r_{xy} = -1$ のときとなり，

$$s_w^2 \ = \ \alpha^2 s_x^2 + (1-\alpha)^2 s_y^2 - 2\alpha(1-\alpha)s_x s_y \ = \ (\alpha s_x - (1-\alpha)s_y)^2 \ = \ 0$$

から，

$$\alpha \ = \ \frac{s_y}{s_x + s_y} \ = \ 0.6375$$

を得る．ゆえに理論上では，**A 社と B 社の相関係数が** $r_{xy} = -1$ **であるならば**，A 社を約 64%，B 社を約 36% の割合で保持すれば，収益の変動リスク s_w を 0 にできて，収益を A 社単独のときに比べてより上げることができるのである．

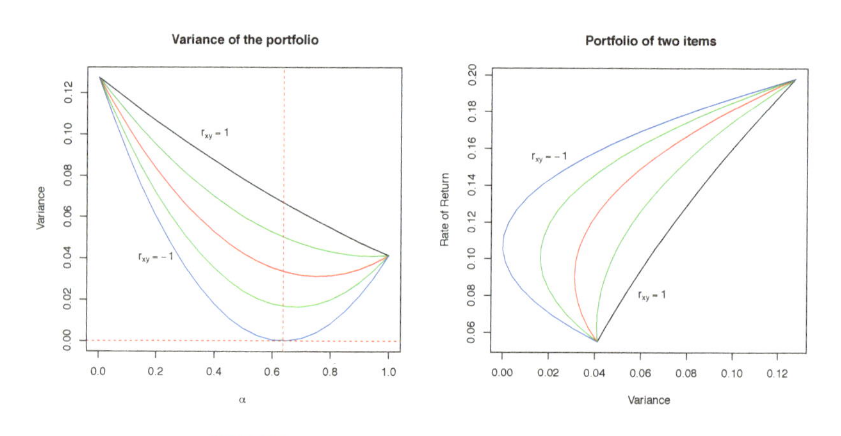

図 3.15　マーコヴィッツのポートフォリオ理論図

図 3.15 の 2 つの図からわかるように，2 つの株式を保有することでリスクヘッジが可能となるのである．これがマーコヴィッツのポートフォリオ理論の枠組みである．

➤ 3.7　回帰直線

データサイエンスにおける統計モデルの基本形は

$$Y = f(x) + \varepsilon, \quad \varepsilon \sim N(0, \sigma^2)$$

である．ただし，Y は被説明変数 (目的変数，結果変数) であり，x は説明変数 (共変量) であり，ε は誤差項で標準正規分布に従う [5)] ものとする．$f(x)$ は説明変数 x の関数であり，これをさまざまな関数にすることで，さまざまなモデルを扱うことができるのである．ここでは，上の基本形に対して，2 変量データの対応とガウスの最小二乗法による推定値の導出を行う．

例えば，1997 年の OECD 13 か国における女性労働力率 (wwr) と出生率 (tfr) (表 3.4) の相関図 (図 3.16) を見てみる．

表 3.4　1997 年 OECD 13 か国でのデータ

	Finland	France	Germany	Ireland	Italy	Japan	Holland	Norway
tfr	1.74	1.71	1.32	1.92	1.22	1.39	1.54	1.86
wwr	77.40	77.30	73.90	72.10	59.90	62.60	77.10	81.10
	Portugal	Spain	Sweden	UK	USA			
tfr	1.44	1.15	1.53	1.71	2.02			
wwr	81.80	70.30	81.50	73.40	74.90			

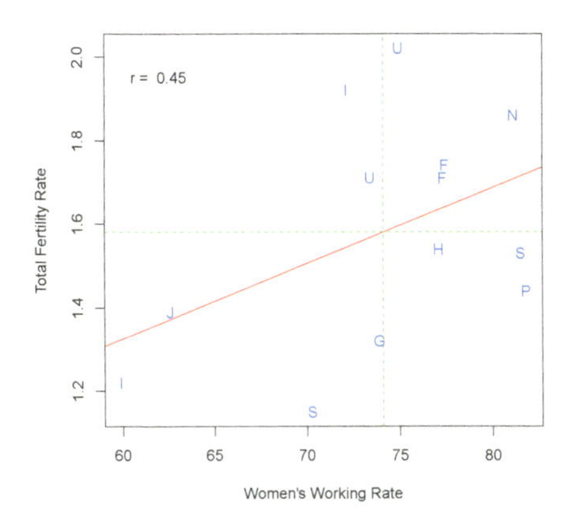

図 3.16　1997 年 OECD 13 か国でのグラフ

5) 基本形にある $\varepsilon \sim N(0, \sigma^2)$ のような記号 $\sim$ によって，「ε は標準正規分布に従う」を意味している．

図 3.16 から相関係数が 0.45 であるから,「女性労働力率が高い国ほど出生率は高い」という主張を行うテキストなどがあるが, 1997 年の OECD には 13 か国ではなく 23 か国が所属しており (表 3.5), それらすべてを用いると図 3.17 となる.

表 3.5 1997 年 OECD 全 23 か国でのデータ

	Australia	Austria	Belgium	Canada	Denmark	Finland	France	Germany
tfr	1.82	1.36	1.55	1.64	1.75	1.74	1.71	1.32
wwr	67.50	74.10	79.60	76.50	80.60	77.40	77.30	73.90
	Greece	Iceland	Ireland	Italy	Japan	Luxemburg	Holland	NewZealand
tfr	1.32	2.12	1.92	1.22	1.39	1.77	1.54	2.13
wwr	64.90	83.90	72.10	59.90	62.60	64.60	77.10	64.00
	Norway	Portugal	Spain	Sweden	Switzerland	UK	USA	
tfr	1.86	1.44	1.15	1.53	1.48	1.71	2.02	
wwr	81.10	81.80	70.30	81.50	76.30	73.40	74.90	

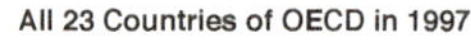

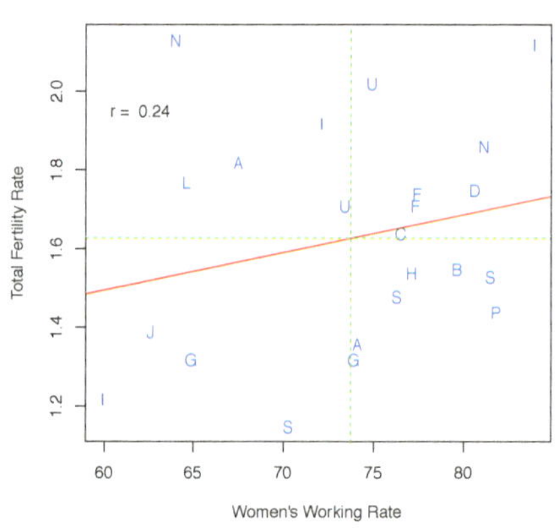

図 3.17 1997 年 OECD 全 23 か国でのグラフ

問題 3.6

2 つの図 3.16 と図 3.17 を比べて考察せよ.

(問題の解答例)

- 1997年にOECDに所属している全23か国を用いた女性の就業率と合計特殊出生率の関係を見てみると，相関係数が0.24であるので，女性の就業率と合計特殊出生率とには大した関係がない．
- 図3.16において，なぜ全23か国あるOECD諸国の中から13か国を選出したものにしたのかが不明であるが，除外された10か国のデータは表3.6の通り．

表3.6　除外された10か国のデータ

	Australia	Austria	Belgium	Canada	Denmark
tfr	1.82	1.36	1.55	1.64	1.75
wwr	67.50	74.10	79.60	76.50	80.60
	Greece	Iceland	Luxemburg	NewZealand	Switzerland
tfr	1.32	2.12	1.77	2.13	1.48
wwr	64.90	83.90	64.60	64.00	76.30

概して女性の就業率が低いにもかかわらず合計特殊出生率が比較的高い諸国が除外されている傾向にあることがわかる．

- 除外された10か国が作為的にか否かは定かではないが，わざわざ除外する以上，その説明が必要になろう．

■

これらのデータに対する回帰直線に関しては，75ページで述べる．

3.7.1　ガウスの最小二乗法

2変量データを (x_i, y_i) $(i = 1, 2, \ldots, n)$ とする．この2変量において

$$y_i = a + bx_i + \varepsilon_i$$

なる関係があると考えるとき，係数である a, b を求めたい．ただし，ε_i は誤差項である，すなわち，y_i は x_i に対して本来であれば，$a + bx_i$ という関係から得られ

るはずであるが，データ発生における誤差項の影響で y_i となったとみなすのである．このとき，できるだけ誤差項の影響を入れないようにして係数である a, b を求めることを考える．

ここでガウスの最小二乗法というのは，

$$L(a,b) \;=\; \sum_{i=1}^{n}(y_i - a - bx_i)^2$$

を a, b について最小化することである，すなわち，誤差項の二乗和を最小にするような係数 a, b を求めるのである．しかし，このままでは計算が面倒なので

$$y_i \;=\; \alpha + \beta(x_i - \bar{x}) + \varepsilon_i$$

に対して，

$$L(\alpha,\beta) \;=\; \sum_{i=1}^{n}(y_i - \alpha - \beta(x_i - \bar{x}))^2$$

の最小化を考える，すなわち，

$$L(\hat{\alpha},\hat{\beta}) \;=\; \min_{\alpha,\beta} L(\alpha,\beta), \qquad \begin{pmatrix} \hat{\alpha} \\ \hat{\beta} \end{pmatrix} \;=\; \arg\min_{\alpha,\beta} L(\alpha,\beta)$$

なる推定値 $\hat{\alpha}, \hat{\beta}$ を求めるのである．ここで，arg は右側にある条件を満たす変数を取り出すという記号で，min は最小値を求める記号である．

まず，$L(\alpha,\beta)$ を以下のように変形する：

$$\begin{aligned} L(\alpha,\beta) &= \sum_{i=1}^{n}(y_i - \alpha - \beta(x_i - \bar{x}))^2 \\ &= \sum_{i=1}^{n}(y_i - \alpha)^2 - 2\beta\sum_{i=1}^{n}(y_i - \alpha)(x_i - \bar{x}) + \beta^2\sum_{i=1}^{n}(x_i - \bar{x})^2 \end{aligned}$$

ここで，二乗和において標本平均が最小値を与えること (章末問題)

$$\bar{y} \;=\; \hat{\alpha} \;=\; \arg\min_{\alpha} \sum_{i=1}^{n}(y_i - \alpha)^2$$

と偏差の和が常に 0 となることを用いると，

$$
\begin{aligned}
L(\alpha,\beta) &= \sum_{i=1}^{n}(y_i-\alpha)^2 - 2\beta\sum_{i=1}^{n}(y_i-\alpha)(x_i-\bar{x}) + \beta^2\sum_{i=1}^{n}(x_i-\bar{x})^2 \\
&\geq \sum_{i=1}^{n}(y_i-\bar{y})^2 - 2\beta\sum_{i=1}^{n}(y_i-\alpha)(x_i-\bar{x}) + \beta^2\sum_{i=1}^{n}(x_i-\bar{x})^2 \\
&= \sum_{i=1}^{n}(y_i-\bar{y})^2 - 2\beta\sum_{i=1}^{n}(y_i-\bar{y}+\bar{y}-\alpha)(x_i-\bar{x}) + \beta^2\sum_{i=1}^{n}(x_i-\bar{x})^2 \\
&= \sum_{i=1}^{n}(y_i-\bar{y})^2 - 2\beta\sum_{i=1}^{n}(y_i-\bar{y})(x_i-\bar{x}) \\
&\qquad -2(\bar{y}-\alpha)\beta\sum_{i=1}^{n}(x_i-\bar{x}) + \beta^2\sum_{i=1}^{n}(x_i-\bar{x})^2 \\
&= \sum_{i=1}^{n}(y_i-\bar{y})^2 - 2\beta\sum_{i=1}^{n}(y_i-\bar{y})(x_i-\bar{x}) + \beta^2\sum_{i=1}^{n}(x_i-\bar{x})^2 \\
&= n(\beta^2 s_x^2 - 2\beta s_{xy} + s_y^2) \\
&= ns_x^2(\beta - s_{xy}/s_x^2)^2 - n\frac{s_{xy}^2}{s_x^2} + ns_y^2 \\
&= ns_x^2(\beta - s_{xy}/s_x^2)^2 + n\frac{s_x^2 s_y^2 - s_{xy}^2}{s_x^2} \ \geq\ n\frac{s_x^2 s_y^2 - s_{xy}^2}{s_x^2} \quad (\geq\ 0)
\end{aligned}
$$

であることから，$\hat{\alpha} = \bar{y}$ かつ $\hat{\beta} = s_{xy}/s_x^2$ のとき，$L(\alpha,\beta)$ は最小となることがわかる．

別の解法としては，$L(\alpha,\beta)$ を α,β に対して偏微分[6] し，それを 0 にすると

$$
\frac{\partial}{\partial\,\alpha}L(\alpha,\beta) = -2\sum_{i=1}^{n}(y_i-\alpha-\beta(x_i-\bar{x})) \ =\ 0, \tag{7.1}
$$

$$
\frac{\partial}{\partial\,\beta}L(\alpha,\beta) = -2\sum_{i=1}^{n}(y_i-\alpha-\beta(x_i-\bar{x}))(x_i-\bar{x}) \ =\ 0 \tag{7.2}
$$

であるので，式 (7.1) と $\sum_{i=1}^{n}(x_i-\bar{x}) = 0$ より α の推定値 $\hat{\alpha}$ は

$$
\sum_{i=1}^{n}(y_i-\alpha) \ =\ 0 \quad \Longrightarrow \quad \hat{\alpha} \ =\ \bar{y}
$$

6) 簡単にいえば，α で微分するときは β を定数扱いにして，β で微分するときは α を定数扱いにすればよい．詳しいことは解析学のテキストを参照せよ．

と求まり，それを式 (7.2) に代入すると

$$\sum_{i=1}^{n}(y_i - \hat{\alpha} - \beta(x_i - \bar{x}))(x_i - \bar{x}) = \sum_{i=1}^{n}(y_i - \bar{y} - \beta(x_i - \bar{x}))(x_i - \bar{x})$$
$$= ns_{xy} - n\beta s_x^2 \ = \ 0$$

より，β の推定値 $\hat{\beta}$ は $\hat{\beta} = s_{xy}/s_x^2$ として求まる．

以上の推定値から，いずれにしても求める回帰式は

$$\hat{y} \ = \ \hat{\alpha} + \hat{\beta}(x - \bar{x}) \ = \ \bar{y} + \frac{s_{xy}}{s_x^2}(x - \bar{x}) \tag{7.3}$$

となるので，まとめると

$$\frac{\hat{y} - \bar{y}}{s_y} \ = \ r_{xy}\frac{x - \bar{x}}{s_x} \tag{7.4}$$

と表すことができる．これは，$\{y_i\}$ に対する標準化と $\{x_i\}$ に対する標準化が標本相関係数によって結びついていることを表している．

問題 3.7

求められた回帰式 (7.3) を変形して，式 (7.4) を求めよ．

(問題の解答例) 求められた回帰式は

$$\hat{y} \ = \ \bar{y} + \frac{s_{xy}}{s_x^2}(x - \bar{x})$$

であるので，

$$\hat{y} - \bar{y} \ = \ \frac{s_{xy}}{s_x^2}(x - \bar{x})$$

の両辺を s_y で割ってまとめると

$$\frac{\hat{y} - \bar{y}}{s_y} \ = \ \frac{s_{xy}}{s_y s_x^2}(x - \bar{x}) \ = \ \frac{s_{xy}}{s_y s_x}\frac{x - \bar{x}}{s_x}$$

となる．相関係数の定義から求める式 (7.4) を得る． ■

3.7.2 アンスコムの回帰直線

アンスコム (Anscombe) の回帰直線は，回帰直線を求めるときにデータを散布図で見て，検討する重要性を説くために人工的に作成されたデータ群

$$\left\{\begin{pmatrix} x1 \\ y1 \end{pmatrix}\right\}, \left\{\begin{pmatrix} x2 \\ y2 \end{pmatrix}\right\}, \left\{\begin{pmatrix} x3 \\ y3 \end{pmatrix}\right\}, \left\{\begin{pmatrix} x4 \\ y4 \end{pmatrix}\right\}$$

で各 11 個からなる.

```
    x1  x2  x3  x4    y1    y2    y3    y4
 1  10  10  10   8  8.04  9.14  7.46  6.58
 2   8   8   8   8  6.95  8.14  6.77  5.76
 3  13  13  13   8  7.58  8.74 12.74  7.71
 4   9   9   9   8  8.81  8.77  7.11  8.84
 5  11  11  11   8  8.33  9.26  7.81  8.47
 6  14  14  14   8  9.96  8.10  8.84  7.04
 7   6   6   6   8  7.24  6.13  6.08  5.25
 8   4   4   4  19  4.26  3.10  5.39 12.50
 9  12  12  12   8 10.84  9.13  8.15  5.56
10   7   7   7   8  4.82  7.26  6.42  7.91
11   5   5   5   8  5.68  4.74  5.73  6.89
```

これらの六数 (最小値，第 1 四分位，中央値，平均値，第 3 四分位，最大値) は以下の通り：

```
       x1             x2             x3             x4           y1
 Min.   : 4.0   Min.   : 4.0   Min.   : 4.0   Min.   : 8   Min.   : 4.260
 1st Qu.: 6.5   1st Qu.: 6.5   1st Qu.: 6.5   1st Qu.: 8   1st Qu.: 6.315
 Median : 9.0   Median : 9.0   Median : 9.0   Median : 8   Median : 7.580
 Mean   : 9.0   Mean   : 9.0   Mean   : 9.0   Mean   : 9   Mean   : 7.501
 3rd Qu.:11.5   3rd Qu.:11.5   3rd Qu.:11.5   3rd Qu.: 8   3rd Qu.: 8.570
 Max.   :14.0   Max.   :14.0   Max.   :14.0   Max.   :19   Max.   :10.840
       y2              y3              y4
 Min.   :3.100   Min.   : 5.39   Min.   : 5.250
 1st Qu.:6.695   1st Qu.: 6.25   1st Qu.: 6.170
 Median :8.140   Median : 7.11   Median : 7.040
 Mean   :7.501   Mean   : 7.50   Mean   : 7.501
 3rd Qu.:8.950   3rd Qu.: 7.98   3rd Qu.: 8.190
 Max.   :9.260   Max.   :12.74   Max.   :12.500
```

また，4 種類のデータ群において回帰直線を求めたときの係数は表 3.7 の通り．

表 3.7　アンスコムのデータ群による回帰直線

データ群	y 切片項 ($\hat{\alpha}$)	回帰係数 ($\hat{\beta}$)
$(x1, y1)$	3.0001	0.5001
$(x2, y2)$	3.0009	0.5
$(x3, y3)$	3.0025	0.4997
$(x4, y4)$	3.0017	0.4999

この結果からは回帰直線がほぼどれも同じものであることがわかる．しかしながら，これらのデータ群の散布図を見ると，その印象が変わるであろう (図 3.18).

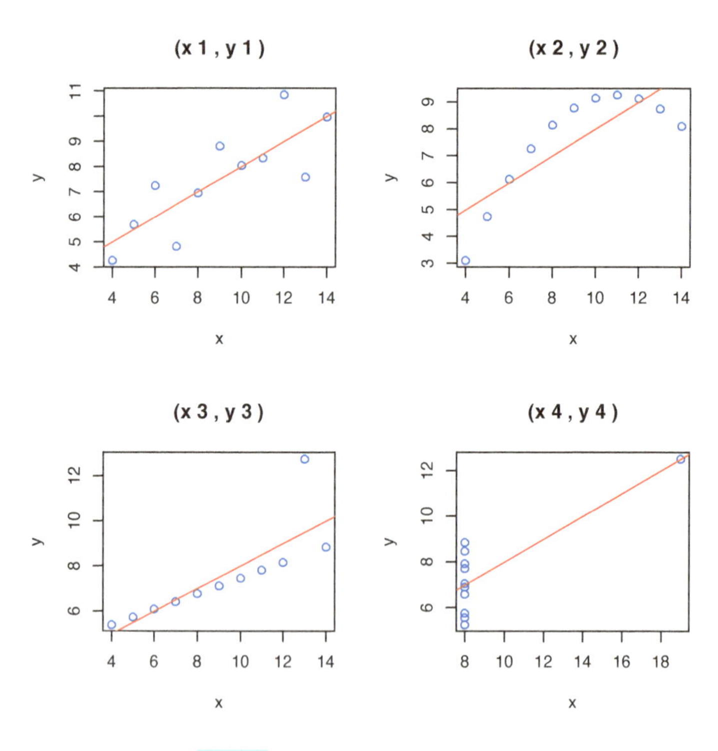

図 3.18　アンスコムのデータ群の散布図

(1) 左上の $(x1, y1)$ は，通常のデータの散らばり具合であり，回帰直線が有効な場合といえよう．
(2) 右上の $(x2, y2)$ は，元のデータは 2 次曲線に従っているような形状をしているにもかかわらず，回帰直線を適用した場合であり，本来のデータを説明する上では不適切な適用であろう．
(3) 左下の $(x3, y3)$ は，1 個の極端な値 (外れ値) がなければ，もっと傾きの小さい回帰直線となるはずであったが，外れ値の影響を受けて回帰直線の傾きが大きくなってしまった場合であり，外れ値となったデータをまず検討する必要があろう．
(4) 右下の $(x4, y4)$ は，1 個の極端な値 (外れ値) がなければ，回帰直線すら得られないデータ (x の値がすべて同じ) であるにもかかわらず，外れ値によってたまたま回帰直線が求められた場合であり，回帰直線を求めても仕方ないデータであろう．

アンスコムのデータ群からいえることは，データの数値だけで安直に回帰直線を求めるといった処理は計算上は可能ではあるが，データ本来の姿を見ていないので回帰直線によるデータの解釈をしても無意味な場合もあるため，まずはデータの散布図を眺めることが必要である，ということであろう．

3.7.3　OECD データの再考

図 3.16 と 図 3.17 を再掲する．
これらの回帰直線は R のプログラムを用いるとそれぞれ以下のようになる．

- 13 か国の場合

```
Call:
lm(formula = tfr   wwr, data = oecd1997s)
Residuals:
Min 1Q Median 3Q Max
-0.36195 -0.18478 0.01749 0.14191 0.42474
Coefficients:
Estimate Std.  Error t value Pr(>|t|)
(Intercept) 0.23887 0.80802 0.296 0.773
```

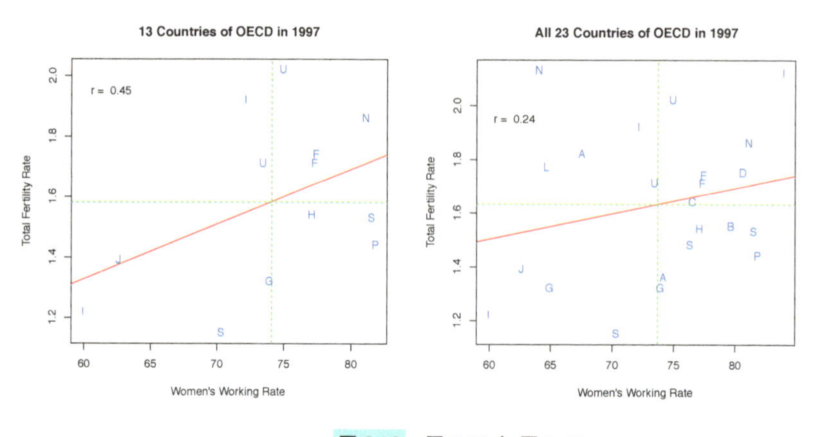

図 3.19　図 3.16 と 図 3.17

```
wwr 0.01811 0.01086 1.667 0.124
Residual standard error:  0.254 on 11 degrees of freedom
Multiple R-squared:  0.2017, Adjusted R-squared:  0.1291
F-statistic:  2.779 on 1 and 11 DF, p-value:  0.1237
```

回帰直線の式：

$$\hat{y} = 0.2389 + 0.0181\,x$$

- 全 23 か国の場合

```
Call:
lm(formula = tfr   wwr, data = oecd1997)
Residuals:
Min 1Q Median 3Q Max
-0.44746 -0.20032 -0.01665 0.19320 0.59268
Coefficients:
Estimate Std.  Error t value Pr(>|t|)
(Intercept) 0.926389 0.629422 1.472 0.156
wwr 0.009546 0.008504 1.123 0.274
Residual standard error:  0.2746 on 21 degrees of freedom
Multiple R-squared:  0.05661, Adjusted R-squared:  0.01168
```

```
F-statistic:  1.26 on 1 and 21 DF, p-value:  0.2743
```

回帰直線の式：

$$\hat{y} = 0.9264 + 0.0095\,x$$

回帰直線の傾きを比較すると，全 23 か国の傾きは 13 か国の傾きの半分しかない上，回帰係数の推定値に対する t 検定の結果を見ると，有意水準 5% で見る限りすべての回帰係数は有意とはならないので，係数が 0 でないとはいえないことになる．少なくともこのデータからいえることは，OECD 諸国において女性の労働率と合計特殊出生率とは関係があるとはいえない，ということである．

第 3 章　練習問題

3.1 ある学生の成績票には，S，A，B，C の 4 種類と不合格の F のみが記載されている．S は 90 点から 100 点，A は 80 点から 89 点，B は 70 点から 79 点，C は 60 点から 69 点を意味している．この成績票から素点換算する必要のあった事務の A さんは，S，A，B，C をそれぞれ 90 点，80 点，70 点，60 点とし，対応する成績科目の個数を掛け合わせて，科目個数の合計で割ったものをその学生の成績の換算点とした．統計的観点からこの計算の問題点を指摘し，適切な総合評価の方法を示せ．ここでは GPA における計算方法との比較などは考えなくてよい．

3.2 偏差値の定義をデータの標準化から定式化せよ．

3.3 度数分布表において，全度数が n で階級数が k 個，各階級値が $\{c_i\}$，その度数が $\{f_i\}$，各階級幅が一定であるとき，度数分布表における標本平均と標本分散を求めよ．

3.4 データ $x_1, \ldots, x_n$ における標本平均を $\bar{x}$ とおく．そのデータを度数分布表に換算したときの標本平均を $\bar{x}_f$ とするとき，$\bar{x}$ と $\bar{x}_f$ の差は高々どれ程になるか．

3.5 データ $x_1, \ldots, x_n$ における重み付き平均を

$$\bar{x}_w = \sum_{i=1}^{n} w_i x_i, \quad (\forall w_i \geq 0, \ \sum_{i=1}^{n} w_i = 1)$$

と定義するとき，通常の標本分散の定義において，通常の標本平均の代わりに重み付き平均を用いた分散を

$$s_w^2 = \frac{1}{n}\sum_{i=1}^{n}(x_i - \bar{x}_w)^2$$

とすると，通常の標本分散 s_x^2 と比べてどちらの方が大きいか．

3.6 データ $x_1, \ldots, x_n$ に対して，そのデータと，ある定数 α との差の 2 乗和を最小にする α を求めよ．

3.7 データ $x_1, \ldots, x_n$ に対して，そのデータと，ある定数 β との差の絶対値の和を最小にする β を求めよ．

3.8 以下のデータはさまざまな機械式腕時計の重さ (g) であり，それをステムアンドリーフにまとめた．これを利用して，スタージェスの公式により階級数を定めて，適切な度数分布表を作成せよ．

```
 5 | 1
 6 | 0578
 7 | 8889
 8 | 133467788899
 9 | 001478899
10 | 0025578
11 | 00223369
12 | 348
13 | 14
```

3.9 表 3.8 のような 2 次元データ (x, y) を得た．

以下の設問に答えよ．

1. x の平均 $\bar{x}$ と標本分散 s_x^2 を求めよ．

2. y の標準偏差 s_y を求めよ．

表 3.8

x	6	8	10	12	14	16
y	6	11	20	29	27	33

3. (x, y) の共分散 s_{xy} を求めよ.

4. y の x への回帰直線の式を $y = a + bx$ の形で表せ.

コラム：相関と因果　相関係数というのは, 2 変量データ (x, y) の関係の中で, 特に線形関係 $y = ax + b$ を想定したとき, あくまでもその線形性の度合いを測る指標となっています. ですから, 2 変量データ (x, y) が一直線上に並ぶときには, 相関係数の絶対値は 1 となり, それ以外では 0 から 1 の値を取るのです.

一見 2 変量データ (x, y) の相関係数が高いと, 2 変量に関係性があるように思いがちですが, 別の変数 z が両者に関係することによって生じた疑似相関の可能性もあります. この変量 z のことを交絡変数といいます. 有名になった例としては, 人口当たりのノーベル賞の受賞数とチョコレートの消費量の関係というのがあります. この 2 変量の相関係数は 0.79 もあり, 一見するとチョコレートを多く消費するとノーベル賞を取りやすいかのように見えます. ここで 2 変量に関連する変数として, GDP や大学進学率などが考えられますが, z を GDP として計算したところ, 2 つの相関係数は 0.32 となり, さして関係性がないものとなりました. これを疑似相関といい, この時の GDP を交絡変数といいます.

特に相関関係と因果関係は意味するところが違いますので, 気を付けましょう. 因果関係の定義としては, 18 世紀の哲学者であるヒュームによる以下の 3 つの条件： ① 原因と結果が空間的・時間的に近接していること, ② 原因が結果よりも時間的に先行しており, 継続して結果が起こること, ③ 第三の要因が同じである場合に同じ原因から必ず同じ結果が生じること, が有名です. この 3 条件を踏まえると, 自然科学の中で実験が可能な分野では, 独立変数の操作で従属変数が変化することを実験する独立変数の操作性や, 独立変数と従属変数の時間的順序性などが重要となります.

このような実験が出来ない場合, 例えば, 塾に通った時と通わなかった時でのあなたの成績の伸び具合の差を知りたいと思った場合, あなたがもし塾に通うならば通わなかった場合を考えることが出来ず, もし塾に通わなければ通った場合を考えることが出来ないといった二律背反な状態に対して, 事実と反する結果を想定する必要が出てきます. これを, 統計的因果推論における潜在的結果変数を想定した反事実モデルといいます.

第 4 章

確率的な現象の扱い

確率的な現象の扱いには，データという，ある意味すでにある，現実の値ではなく，その値が未だない状態で，これから得られるであろう値を扱う必要が生じる．例えば，身体測定をする前の集団の値の出方が確率変数で，実際に身体測定をした結果の集団の値がいわゆるデータというものである．

ここでは，数学的に厳密な意味での確率変数ではなく，初学者が扱いやすい形での定義を行い，確率変数の期待値や分散の性質を理解した後，各種の確率分布の性質を見ていく．

➤ 4.1 確率的な現象と確率変数 (離散型・連続型)

定義 4.1

標本空間 Ω の σ-集合族として $\mathcal{F}$ を考え，その上で定義される確率 P をセットにした確率空間 $(\Omega, \mathcal{F}, P)$ を考える．Ω の事象を ω とおくとき，ω から実数への関数もしくは写像を確率変数 (random variable) X とする，すなわち，

$$X \ : \ \Omega \ni \omega \quad \mapsto \quad X(\omega) \in \mathbb{R}$$

である．

例 4.1 確率変数の例

標本空間 Ω をある大学の大学生全員とするとき，根元事象 ω は大学生各人となる．このとき，確率変数 X として大学生の体重とすると，$X(\omega)$ は大学生 ω の体重となり，確率変数 Y として大学生の GPA とすると，$Y(\omega)$ は大学生 ω の GPA となる．

定義 4.2

確率変数 X に対する確率 P^X は，X の定義域である標本空間における確率空間 $(\Omega, \mathcal{F}, P)$ によって，一般には次のように定義される：

$$P^X(X \leq x) \overset{\text{def.}}{=} P(\{\omega : X(\omega) \leq x\})$$

このときの確率 P^X を確率変数 X に誘導された確率 (induced probability) というが，この本では区別をしないで，以下単純に P と表すことにする．

確率変数 X の取り得る値に応じて，離散値しか取らない確率変数を離散 (型) 確率変数，連続値を取る確率変数を連続 (型) 確率変数という．

例 4.2 離散型と連続型の例

- 標本空間が大学生全員とするとき，男性を $Z(\omega) = 1$，女性を $Z(\omega) = 0$ とおくと，この確率変数 Z は離散型確率変数となる．
- 標本空間が大学生全員とするとき，その体重を $X(\omega)$ とおくと，この確率変数 X は連続型確率変数となる．

確率変数 X の確率から，確率変数の累積分布関数 (cumulative distribution function)，確率関数 (probability function)，確率密度関数 (probability density function) を以下に一般的な形で定義する．累積分布関数は分布関数と略されることが多い．なお，略字として，確率変数には r.v. を，累積分布関数には c.d.f. を，確率関数には p.f. を，確率密度関数には p.d.f. を使うことが多い．

定義 4.3

確率変数 X の累積分布関数 $F(x)$ は累積確率として

$$F(x) \stackrel{\text{def.}}{=} P(X \leq x) = \begin{cases} \displaystyle\sum_{k=0}^{x} P(X=k) & (x=0,1,2,\ldots), \\ \displaystyle\int_{-\infty}^{x} f(t)\,dt & (-\infty < x < \infty). \end{cases}$$

ただし，$P(X=k)$ は離散型確率変数での確率関数であり，$f(x)$ は連続型確率変数での確率密度関数である．

(累積) 分布関数の性質は以下の通りで 2 つの例を図示しておく (図 4.1).

(1) $0 \leq F(x) \leq 1$ で，$F(-\infty) = 0, F(\infty) = 1$ である．
(2) $F(x)$ は右連続関数である．
(3) $F(x)$ は単調非減少関数である．

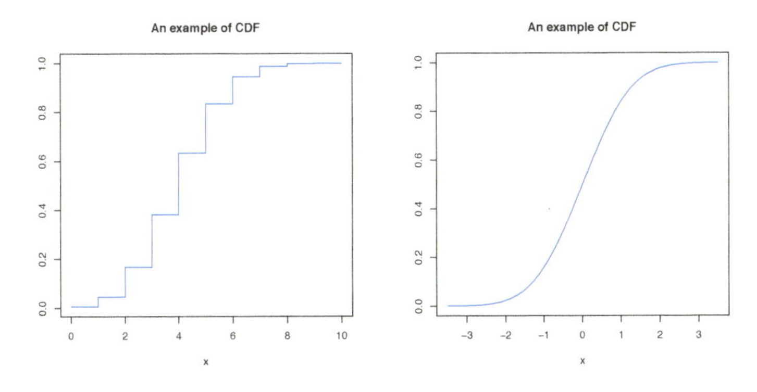

図 4.1　**(累積) 分布関数の性質の例**

確率関数の性質は以下の通り：

(1) $P(X=k) \geq 0 \quad (k=0,1,2,\ldots)$
(2) $F(\infty) = \sum_{k=0}^{\infty} P(X=k) = 1$

確率密度関数の性質は以下の通りで，それぞれ 1 つの例を図示しておく (図 4.2).

(1) $f(x) \geq 0 \quad (-\infty < x < \infty)$

(2) $F(x) = \int_{-\infty}^{x} f(t)dt$ すなわち $f(x) = \dfrac{d}{dx}F(x)$

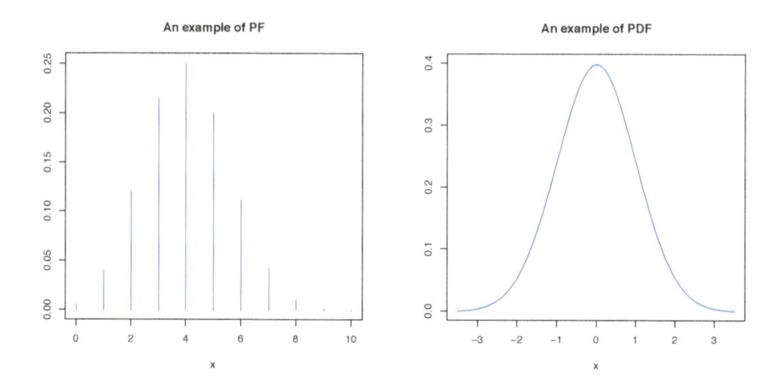

図 4.2　確率密度関数の性質の例

確率密度関数の値はそのまま確率とはならないので，確率関数との違いに注意が必要．それは，$a \leq b$ に対して連続型確率変数 X の確率密度関数 $f(x)$ において，

$$P(a \leq X \leq b) = \int_{a}^{b} f(x)dx$$

が成り立つので，$a = b$ のとき

$$P(a \leq X \leq a) = P(X = a) = \int_{a}^{a} f(x)dx = 0$$

となるからである (図 4.3).

問題 4.1

関数 $f(x)$ を以下で定める.

$$f(x) = \begin{cases} a(x-1), & 1 \leq x \leq 2, \\ a, & 2 \leq x \leq 4, \\ a(5-x), & 4 \leq x \leq 5, \\ 0, & \text{それ以外}. \end{cases}$$

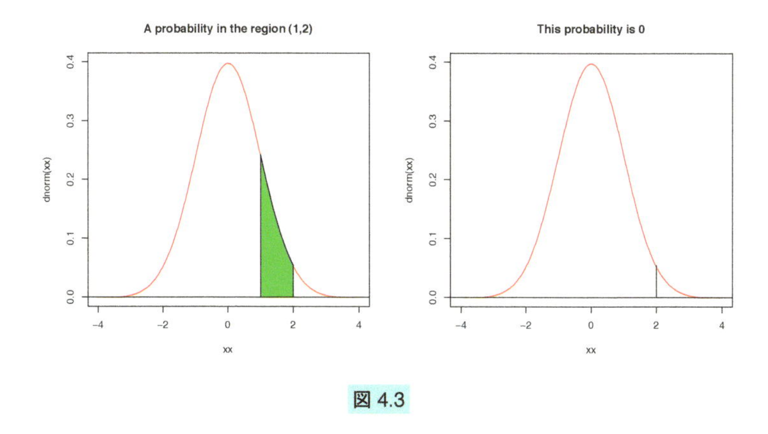

図 4.3

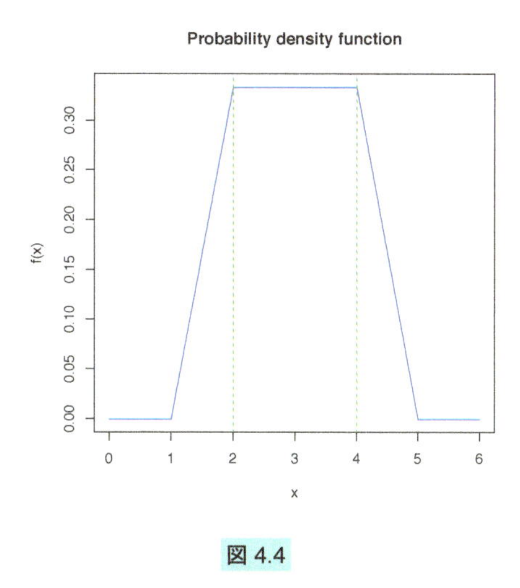

図 4.4

ただし，$a > 0$ とする．このとき，$f(x)$ が連続型確率変数 X の確率密度関数となるように定数 a を定めよ．

(問題の解答例)　確率密度関数なので (図 4.4)，

$$1 = \int_1^5 f(x)dx$$

$$= \left[\frac{a}{2}(x-1)^2\right]_1^2 + \left[ax\right]_2^4 + \left[-\frac{a}{2}(5-x)^2\right]_4^5$$
$$= \frac{a}{2} + 2a + \frac{a}{2} \ = \ 3a \ = \ 1$$

より, $a = 1/3$ となる. ■

➤ 4.2 確率変数の期待値 (平均) と分散

確率変数 X が標本空間 Ω から実数への関数であるので，値である $X(\omega)$ の確率 (密度) 関数による重み付き平均を，X の期待値 (expectation) もしくは平均といい，$E[X]$ で表すことにする：

$$E[X] \stackrel{\text{def.}}{=} \begin{cases} \displaystyle\sum_{k=0}^{\infty} k\, p_k & \text{離散型}, \\ \displaystyle\int_{-\infty}^{\infty} x\, f(x)\, dx & \text{連続型}. \end{cases}$$

ただし，p_k は確率関数で $p_k = P(X = k)$ であり，$f(x)$ は確率密度関数である. なお，$E(|X|) < \infty$ となるとき，期待値の存在がいえることに注意.[1)]

確率変数の期待値 (平均) は，確率変数の値に対する確率分布での重心を表し，確

1) 正確には，確率変数 X を次のような 2 つの確率変数

$$X^+ \stackrel{\text{def.}}{=} \max(X, 0), \quad X^- \stackrel{\text{def.}}{=} \max(-X, 0)$$

に分解すると $X = X^+ - X^-$ であり，もし X が連続型であり

$$\int_\Omega X^+ f(x)dx \ < \ \infty \qquad \text{もしくは} \qquad \int_\Omega X^- f(x)dx \ < \ \infty$$

であるならば,

$$\int_\Omega X f(x)dx \ = \ \int_\Omega X^+ f(x)dx - \int_\Omega X^- f(x)dx \ \in \ [-\infty, \infty]$$

は定義され，X の期待値 $E(X)$ となる. ゆえに,

$$\int_\Omega X^+ f(x)dx \ = \ \infty \qquad \text{かつ} \qquad \int_\Omega X^- f(x)dx \ = \ \infty$$

においては，X の期待値は定義されないことに注意が必要である.

率変数の分散は，確率変数の値の散らばりを表しており，標本データ $x_1, x_2, \ldots, x_n$ における標本平均や標本分散

$$\bar{x} = \frac{1}{n}\sum_{i=1}^{n} x_i, \quad s_x^2 = \frac{1}{n}\sum_{i=1}^{n}(x_i - \bar{x})^2$$

とは，同じ平均や分散でも意味が異なるので注意が必要である．このとき，勘違いしやすいのであるが，X それ自身の期待値だから $E(X)$ を計算するのであって，確率変数 X のある関数 $\varphi(X)$ の期待値は

$$E[\varphi(X)] = \begin{cases} \displaystyle\sum_{k=0}^{\infty} \varphi(k)\, p_k & \text{離散型,} \\ \\ \displaystyle\int_{-\infty}^{\infty} \varphi(x)\, f(x)\, dx & \text{連続型} \end{cases}$$

を計算することになる．期待値という言葉は，「何かの期待値」であるから，X の期待値や $\varphi(X)$ の期待値などの使い方をすることに注意が必要であるが，目的語である $X, \varphi(X)$ などを確認しさえすれば，元となる確率変数 X の確率分布での積分計算に帰着されるのである．

例えば，関数 $\varphi(X)$ の形に対する代表的なものは以下の通り：

- X の期待値： $\varphi(X) = X$ として $E(X)$
- X の分散： $\varphi(X) = (X - E(X))^2$ として $V(X) = E((X - E(X))^2)$
- X の標準偏差： $\sqrt{V(X)}$
- $\varphi(X)$ の期待値： $E(\varphi(X))$
- $\varphi(X)$ の分散：$V(\varphi(X)) = E((\varphi(X) - E(\varphi(X)))^2)$

ちなみに，$\varphi(X) = X - E(X)$ とすると，この期待値は常に

$$E[\varphi(X)] = E[X - E(X)] = E(X) - E(E(X)) = E(X) - E(X) = 0$$

となる．

参考 4.1 分散で比較

焼き栗を入れる容量 200g と記載された袋に対して，店 A では，確率的に容量が期待値 200g，分散 16g (標準偏差 4g) で販売されており，店 B では，確率的に容量が期待値 200g，分散 64g (標準偏差 8g) で販売されているとする. 焼き栗を 1 袋買うとき，どちらの店で買った方が 200g に近いか？

焼き栗を入れる袋であり焼き栗の大きさも不均一なので，切り刻まなければ 200g とするのが難しいのは想像に難くないし，通常切り刻むことはない. ゆえに期待値が同じであるならば，散らばりの指標である分散の小さい店 A の方が，分散の大きな店 B に比べて 200g に近い物を購入できる可能性が高いと判断することができる. 分散という散らばりの指標は，平均が同じ物を比較するのにも役立つのである.

問題 4.2

離散型確率変数 X の取り得る値が $\{1,2,3,4\}$ で，その確率がそれぞれ $\{0.1,0.2,0.3,0.4\}$ であるとする. このとき，期待値 $E(X)$ と分散 $V(X)$ を求めよ.

(問題の解答例) ここでの確率関数は $P(X=k)=p_k=0.1k$ $(k=1,2,3,4)$ であるので，X の期待値は

$$E(X) = \sum_{k=1}^{4} k\,p_k = 0.1\sum_{k=1}^{4} k^2 = 3$$

となり，X の分散は

$$V(X) = \sum_{k=1}^{4} (k-E(X))^2\,p_k = 0.1\sum_{k=1}^{4} k(k-3)^2 = 1$$

となる. ■

ちなみに問題における確率分布から，独立に 10 個のデータ

$$4,\ 4,\ 2,\ 3,\ 4,\ 3,\ 1,\ 3,\ 3,\ 2$$

が得られたとすると，この標本平均は 2.9 となり，標本分散は 0.89 となる．

ここで簡単な確率変数の変換を考えてみる．確率変数 X の期待値と分散がそれぞれ μ, σ^2 であるとき，新たな確率変数 Y を以下のように定義する：

$$Y = aX + b \quad (a, b \text{ は定数}). \tag{2.1}$$

このとき，確率変数 Y の期待値と分散は以下のように計算される：

補題 4.2

$$E(Y) = a\mu + b, \qquad V(Y) = a^2\sigma^2.$$

証明 以下のような計算により得られる：

$$\begin{aligned} E(Y) &= E(aX+b) = aE(X) + b = a\mu + b, \\ V(Y) &= E\left[(Y - E(Y))^2\right] \\ &= E\left[(aX + b - (a\mu + b))^2\right] = E\left[a^2(X-\mu)^2\right] = a^2\sigma^2. \end{aligned}$$

■

ここでの定数 a は尺度パラメータ (scale parameter) と呼ばれ，定数 b は位置パラメータ (location parameter) とも呼ばれる．位置パラメータ b は，期待値という確率分布の代表的な位置に影響を与えるが，散らばりの指標である分散には影響を与えない一方で，尺度パラメータ a は分散において 2 乗された a^2 として影響を与えている．

問題 4.3

連続型確率変数 X の確率密度関数が以下であるとする．

$$f(x) = \begin{cases} \dfrac{1}{2}, & 0 \leq x \leq 2, \\ 0, & \text{それ以外}. \end{cases}$$

このとき，以下の設問に答えよ．

(1) X の期待値と分散を求めよ．
(2) 新しい確率変数を $Y = (X-1)/2$ とするとき，Y の取り得る範囲を求めよ．

(3) Y の期待値と分散を求めよ．

(問題の解答例)

(1) X の期待値と分散は以下のように求まる．

$$E(X) = \int_0^2 xf(x)dx = \int_0^2 \frac{x}{2}dx = \left[\frac{x^2}{4}\right]_0^2 = 1,$$
$$E(X^2) = \int_0^2 x^2f(x)dx = \int_0^2 \frac{x^2}{2}dx = \left[\frac{x^3}{6}\right]_0^2 = \frac{4}{3},$$
$$V(X) = E(X^2) - E(X)^2 = \frac{4}{3} - 1^2 = \frac{1}{3}.$$

(2) $Y = (X-1)/2$ であるから，Y の取り得る範囲は $(-1/2, 1/2)$ となる．

(3) $Y = (X-1)/2$ であるので，先の変換式 (2.1) で $a = 1/2, b = -1/2$ を当てはめると

$$E(Y) = a\,E(X) + b = \frac{1}{2}E(X) - \frac{1}{2} = 0,$$
$$V(Y) = a^2\,V(X) = \frac{1}{2^2}V(X) = \frac{1}{12}$$

を得る．■

定義 4.4

確率変数 X の期待値が μ で分散が σ^2 であるとき，新たな確率変数 Z を以下のように定義する：

$$Z = \frac{X-\mu}{\sigma} \qquad (\sigma > 0).$$

Z を確率変数 X の標準化という．Z の期待値と分散は

$$E(Z) = 0, \quad V(Z) = 1$$

となる．

4.3 確率分布

ここでは，代表的ないくつかの確率分布について，離散型確率分布から見ていく．基本的には，それぞれの確率分布に対して確率 (密度) 関数と累積分布関数を与えた下で，期待値 (平均) と分散を求めていく．

4.3.1 ベルヌーイ分布

例えば，0 と 1 だけの結果の羅列

```
1 1 1 1 1 1 1 1 1 0 1 1 1 1 1 1 1 1 1 1 1 1 1 0 1 1 0 1 1 1 1 1 1 1
1 1 1 0 1 1 1 1 1 1 1 1 0 1 1 1 1 1 1 1 0 0 1 1 1 1 1 1 1 1 1 1 1 1
0 1 1 1 1 1 1 1 1 1 1 1 1 1 1 1 1 1 1 0 1 0 1 0 1 1 1 1 1 1 1 1 1 1
```

を得たとき，1 の出る確率が p $(0 < p < 1)$ で，0 の出る確率が $1 - p$ である確率分布から出た結果ではないのか，と考えることができるであろう．

確率変数 X の取り得る値が $\{0, 1\}$ だけで $P(X = 1) = p$ となる確率分布を考えるとき，この分布をベルヌーイ (Bernoulli) 分布といい，$X \sim Ber(p)$ と表す[2)]．このときの確率関数 p_k は

$$p_k \ = \ P(X = k) \ = \ \begin{cases} p & (k = 1), \\ 1 - p & (k = 0) \end{cases}$$

となる．p の値を $p = 0.1, 0.5, 0.7, 0.9$ としたときの 100 回のシミュレーション結果は図 4.5 の通り．

このベルヌーイ分布における期待値と分散は以下の通り：

$$\begin{aligned} E(X) &= \sum_{k=0}^{1} k\, p_k \ = \ 0 \cdot (1 - p) + 1 \cdot p \ = \ p, \\ V(X) &= E(X^2) - (E(X))^2 \\ &= \sum_{k=0}^{1} k^2\, p_k - p^2 \ = \ 0^2 \cdot (1 - p) + 1^2 \cdot p - p^2 \ = \ p(1 - p). \end{aligned}$$

2) 確率変数 X は確率分布 $Ber(p)$ に従うという意味である．

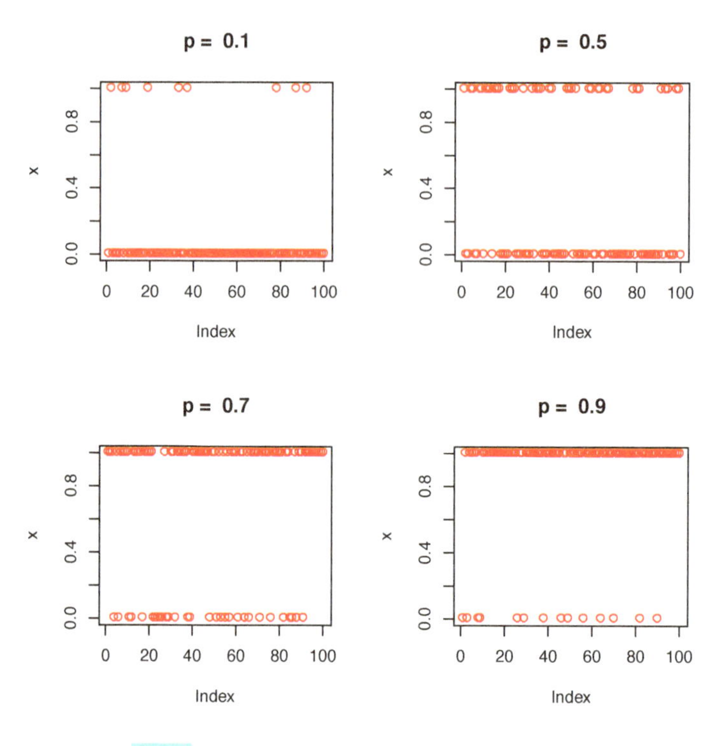

図 4.5　ベルヌーイ分布におけるシミュレーション結果

4.3.2　二項分布

先ほどの 0 と 1 だけの結果の羅列

1 1 1 1 1 1 1 1 1 0 1 1 1 1 1 1 1 1 1 1 1 1 1 0 1 1 0 1 1 1 1 1 1 1
1 1 1 0 1 1 1 1 1 1 1 1 0 1 1 1 1 1 1 1 0 0 1 1 1 1 1 1 1 1 1 1 1 1
0 1 1 1 1 1 1 1 1 1 1 1 1 1 1 1 1 1 1 0 1 0 1 0 1 1 1 1 1 1 1 1 1 1

において，データの羅列それ自体に関心はなく，全体の個数 102 個における 1 の個数 91 個にだけ関心があるとき，1 の個数が従う確率分布はどのようになるのかを考える．

互いに独立で同一なベルヌーイ分布 $Ber(p)$ に従う確率変数列 $X_1, X_2, \ldots, X_n$ を考えるとき，全体で n 回の試行中 1 となった回数を新たな確率変数 X とするとき，X は二項分布に従うといい，$X \sim B(n, p)$ と表す．

X の取り得る値は $\{0, 1, 2, \ldots, n\}$ で，確率関数 p_k は

$$p_k = P(X = k) = \binom{n}{k} p^k (1-p)^{n-k} \quad (k = 0, 1, 2, \ldots, n)$$

となる．ただし，記号は

$$\binom{n}{k} = \frac{n!}{k!\,(n-k)!} = {}_nC_k$$

という組合せを意味している．

p の値を $p = 0.1, 0.5, 0.7, 0.9$ としたときの $n = 20$ における確率関数は図 4.6 の通り．

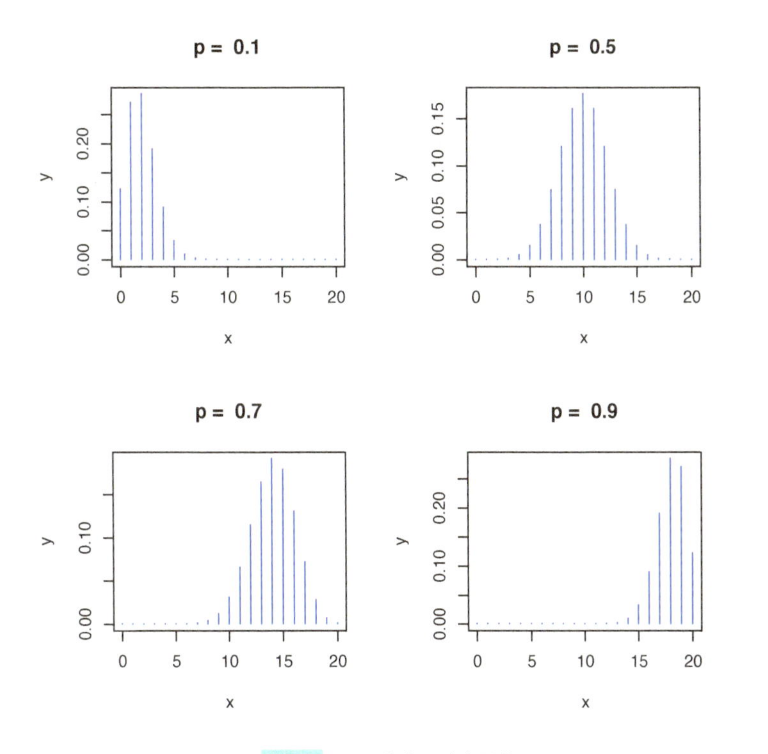

図 4.6　二項分布の確率関数

この確率関数の和は二項定理により

$$\sum_{k=0}^{n} p_k \;=\; \sum_{k=0}^{n} \binom{n}{k} p^k (1-p)^{n-k} \;=\; (p+1-p)^n \;=\; 1$$

であることが確認できる. X が k 以下となる確率の和である累積分布関数は

$$F(k) \;=\; P(X \leq k) \;=\; \sum_{j=0}^{k} p_j \;=\; \sum_{j=0}^{k} \binom{n}{j} p^j (1-p)^{n-j}$$

となる.

p の値を $p = 0.1, 0.5, 0.7, 0.9$ としたときの $n = 20$ における累積分布関数は図 4.7 の通り.

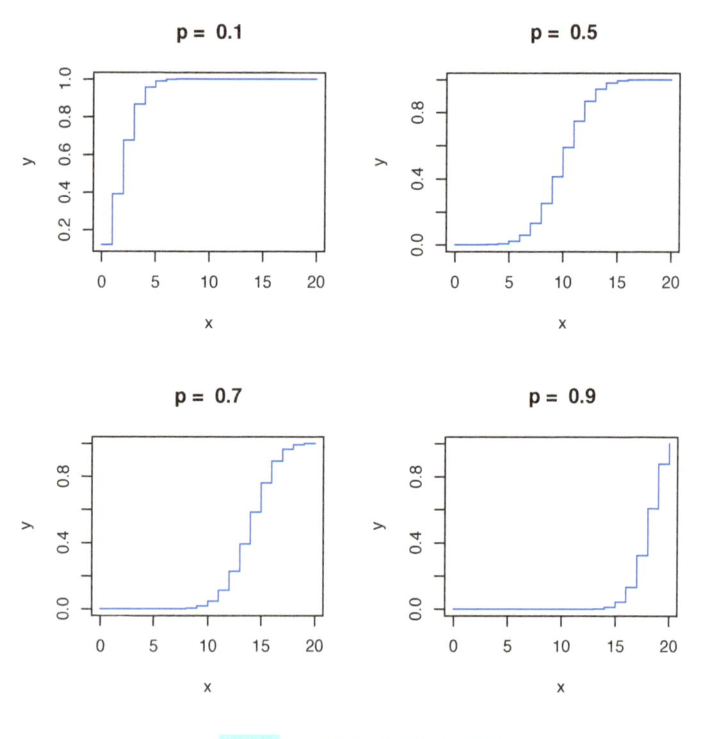

図 4.7 二項分布の累積分布関数

二項分布における期待値は

$$
\begin{aligned}
E(X) &= \sum_{k=0}^{n} k\,p_k \;=\; \sum_{k=0}^{n} k \binom{n}{k} p^k (1-p)^{n-k} \\
&= \sum_{k=1}^{n} k \frac{n!}{k!\,(n-k)!} p^k (1-p)^{n-k} \\
&= np \left(\sum_{k=1}^{n} \frac{(n-1)!}{(k-1)!\,(n-k)!} p^{k-1} (1-p)^{n-k} \right) \\
&= np\,(p+1-p)^{n-1} \;=\; np
\end{aligned}
$$

であり，分散に関しては，分散公式を少し変形して

$$
\begin{aligned}
V(X) &= E(X(X-1)) + E(X) - (E(X))^2 \\
&= \sum_{k=0}^{n} k(k-1) \frac{n!}{k!\,(n-k)!} p^k (1-p)^{n-k} + np - (np)^2 \\
&= n(n-1)p^2 \left(\sum_{k=2}^{n} \frac{(n-2)!}{(k-2)!\,(n-k)!} p^{k-2} (1-p)^{n-k} \right) + np - (np)^2 \\
&= n(n-1)p^2(p+1-p)^{n-2} + np - (np)^2 \\
&= n(n-1)p^2 + np - (np)^2 \;=\; np(1-p)
\end{aligned}
$$

となる．

問題 4.4

$X \sim B(n, p)$ である確率変数 X に対して，新たな確率変数 Y を $Y = n - X$ と定義する．このとき，Y の期待値と分散を求めよ．

(問題の解答例) Y の期待値は，積分の線形性より

$$
E(Y) \;=\; E(n-X) \;=\; n - E(X) \;=\; n - np \;=\; n(1-p)
$$

であり，分散は定数の差に依存しない性質から

$$
V(Y) = V(n-X) \;=\; E[((n-X) - E(n-X))^2]
$$

$$= E[(X - E(X))^2] = V(X) = np(1-p)$$

となる．もしくは，式 (2.1) において，$a = -1, b = n$ とし補題 4.2 を適用してもよい． ■

4.3.3 ポアソン分布

例えば，NEXCO 西日本管内における 1 日の重大事故件数[3] や，国内における 1 年間の旅客機インシデント件数[4] などは，高速道路の 1 日の交通量の多さや国内線の離発着量の多さなどから考えると，事故件数やインシデント件数はかなり稀な事象といえるが，このような確率分布はどうなるであろうか．

0 以上の整数値を取る確率変数 X が，パラメータである強度 (intensity) $\lambda\ (>0)$ によって以下のような確率関数

$$p_k = P(X = k) = e^{-\lambda}\frac{\lambda^k}{k!} \quad (k = 0, 1, 2, \ldots)$$

を持つとき，X は強度 λ を持つポアソン (Poisson) 分布 $Po(\lambda)$ に従うといい，$X \sim Po(\lambda)$ と表す．

通常のテキストには，ポアソン分布は二項分布 $B(n,p)$ において，$np(=\lambda)$ を一定にしながら n を無限大に p を 0 にしていくときに得られる確率分布であるという解説がよくあるが，ポアソン分布における確率関数にはどこにもその n がないので，単純に考えて非負の整数値を取る確率分布であるという認識でも構わない．

$\lambda = 1, 5, 10, 20$ における確率関数は図 4.8 の通り．

この確率関数の和は指数関数の展開式

$$e^{\lambda} = \sum_{k=0}^{\infty}\frac{\lambda^k}{k!} \quad (\lambda > 0)$$

から，明らかに

---

3) NEXCO 西日本の管内における平成 29 年の交通死亡事故は，1 年間の件数が 38 件で死亡者数は 41 名であった．
`https://corp.w-nexco.co.jp/corporate/release/hq/h30/0205/`

4) 平成 29 年の大型飛行機の事故件数は 2 件であった．
`https://www8.cao.go.jp/koutu/taisaku/h30kou_haku/zenbun/genkyo/h3/h3s1.html`

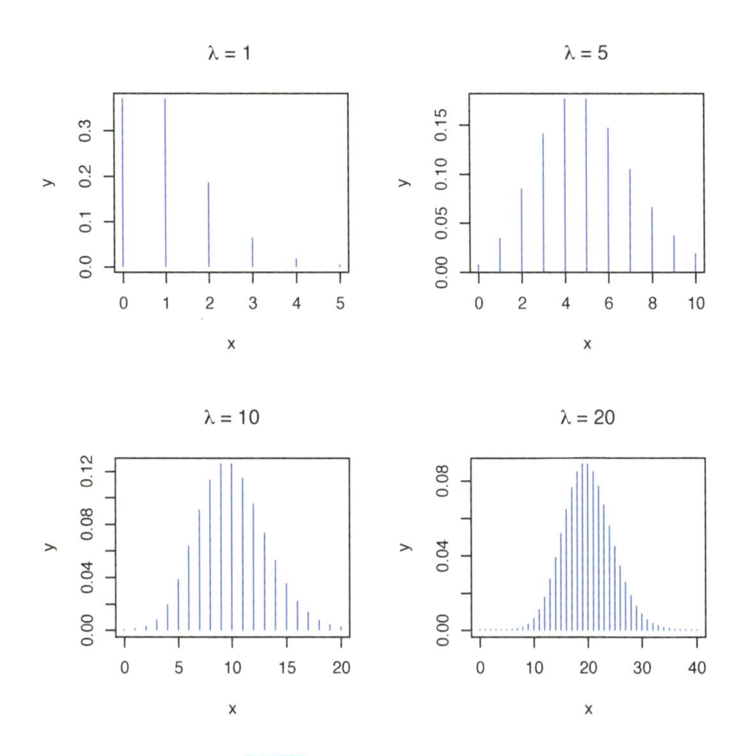

図 4.8　ポアソン分布の確率関数

$$\sum_{k=0}^{\infty} p_k \;=\; \sum_{k=0}^{\infty} e^{-\lambda}\,\frac{\lambda^k}{k!} \;=\; e^{-\lambda}\left(\sum_{k=0}^{\infty}\frac{\lambda^k}{k!}\right) \;=\; e^{-\lambda}e^{\lambda} \;=\; 1$$

となる．X が k 以下となる確率の和である累積分布関数は

$$F(k) \;=\; P(X \leq k) \;=\; \sum_{j=0}^{k} p_j \;=\; \sum_{j=0}^{k} e^{-\lambda}\,\frac{\lambda^j}{j!} \;=\; \frac{1}{e^{\lambda}}\,\sum_{j=0}^{k}\frac{\lambda^j}{j!}$$

となる．

$\lambda = 1, 5, 10, 20$ における累積分布関数は図 4.9 の通り．

ポアソン分布における期待値は

$$E(X) \;=\; \sum_{k=0}^{\infty} k\, e^{-\lambda}\frac{\lambda^k}{k!} \;=\; \lambda\left(\sum_{k=1}^{\infty} e^{-\lambda}\frac{\lambda^{k-1}}{(k-1)!}\right) \;=\; \lambda$$

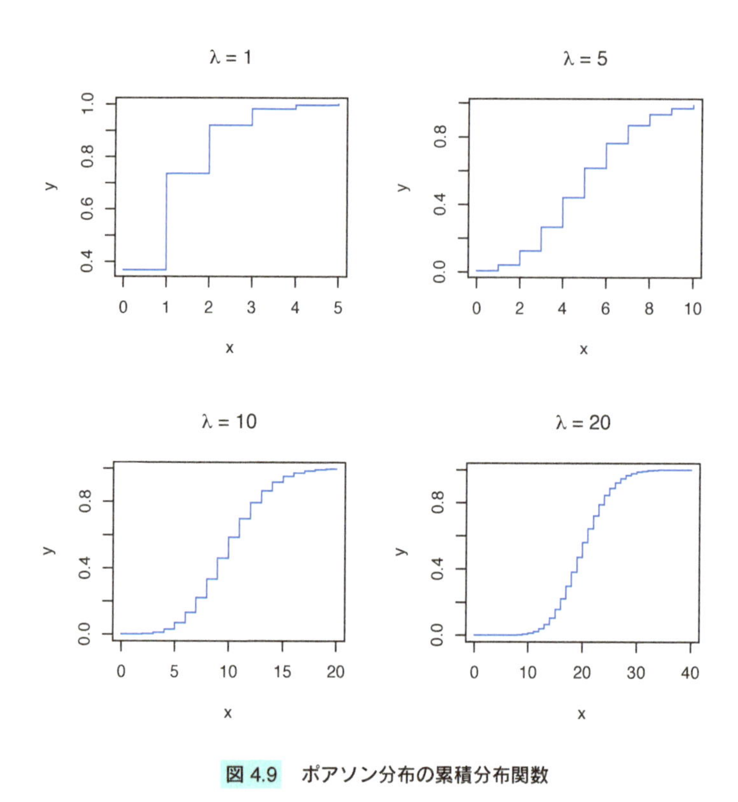

図 4.9　ポアソン分布の累積分布関数

であり，分散は二項分布と同様に考えて

$$
\begin{aligned}
V(X) &= E(X(X-1)) + E(X) - (E(X))^2 \\
&= \sum_{k=0}^{\infty} k(k-1)\, e^{-\lambda}\frac{\lambda^k}{k!} + \lambda - \lambda^2 \\
&= \lambda^2 \left(\sum_{k=2}^{\infty} e^{-\lambda}\frac{\lambda^{k-2}}{(k-2)!} \right) + \lambda - \lambda^2 \\
&= \lambda^2 + \lambda - \lambda^2 \ = \ \lambda
\end{aligned}
$$

となる．このことから，ポアソン分布における強度 λ は，ポアソン分布に従う確率変数の期待値であると同時に分散にもなっていることがわかる．

4.3.4 連続一様分布

ここからは，いくつかの連続型確率分布を見ていく．連続型では離散型のような確率関数ではなく，確率密度関数の積分によって確率が規定されていることに注意が必要である．

ある区間上にだけ確率密度関数が正の値を持つが，その値が一定であるような確率変数の従う確率分布を考える．これは，サイコロを振って出る目のように，どの値も同じ確率となる離散確率分布の連続版といえる．区間 (a, b) で以下のような確率密度関数

$$f(x) = \frac{1}{b-a} \quad (a < x < b)$$

を持つ確率変数 X を連続一様分布といい，$X \sim U(a, b)$ と表す．特に $a = 0, b = 1$ のとき $X \sim U(0, 1)$ となり，これは一般の確率分布における累積分布関数との関係で非常に重要な確率分布である．

$U(0, 1)$ と $U(-1, 1)$ における確率密度関数は図 4.10 の通り．確率密度関数の高さはそれぞれ 1 と 1/2 である．

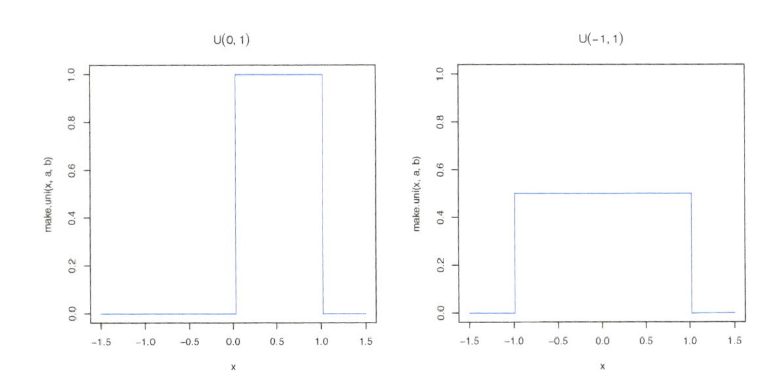

図 4.10　一様分布の確率密度関数

$U(a, b)$ の確率密度関数の積分は

$$\int_{-\infty}^{\infty} f(x)dx = \int_a^b \frac{1}{b-a}dx = \left[\frac{x}{b-a}\right]_a^b = 1$$

となる．X が x 以下となる確率である累積分布関数は

$$F(x) = P(X \le x) = \int_{-\infty}^{x} f(t)\,dt = \begin{cases} 0, & (x < a), \\ \dfrac{x-a}{b-a}, & (a \le x \le b), \\ 1, & (b < x). \end{cases}$$

$U(0,1)$ と $U(-1,1)$ における累積分布関数は図 4.11 の通り．関数の傾きはそれぞれ 1 と 1/2 である．

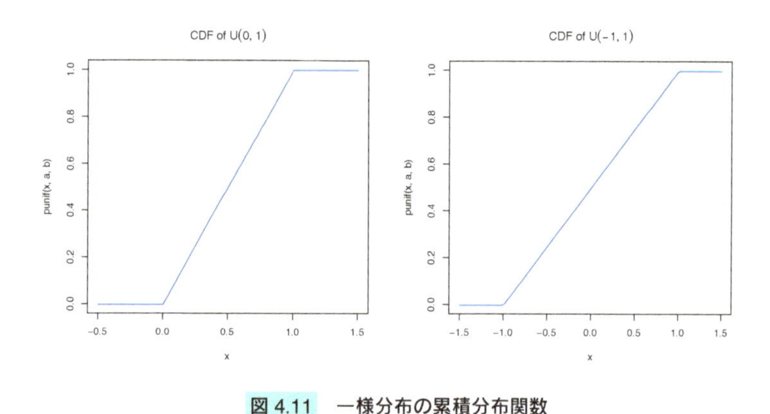

図 4.11　一様分布の累積分布関数

一様分布 $U(a,b)$ における期待値は

$$E(X) = \int_a^b xf(x)dx = \int_a^b \frac{x}{b-a}dx = \left[\frac{x^2}{2(b-a)}\right]_a^b = \frac{a+b}{2}$$

であり，分散は

$$\begin{aligned} V(X) &= E((X-E(X))^2) = E(X^2) - (E(X))^2 \\ &= \int_a^b x^2 f(x)dx - (E(X))^2 = \left[\frac{x^3}{3(b-a)}\right]_a^b - \left(\frac{a+b}{2}\right)^2 \\ &= \frac{a^2+ab+b^2}{3} - \frac{a^2+2ab+b^2}{4} = \frac{(b-a)^2}{12} \end{aligned}$$

となる．

4.3.5 正規分布

正規分布は別名ガウス (Gauss) 分布 [5)]，誤差分布，釣り鐘型分布ともいわれるが，元々はガウスが，物理法則においてデータを得たときに，法則による理論値とデータとの差を誤差としてみなしたものが従う確率分布として考えたものである．

実数 $\mathbb{R}$ 全体を表す区間 $(-\infty, \infty)$ において，以下のような確率密度関数

$$f(x|\mu, \sigma^2) \ = \ \frac{1}{\sqrt{2\,\pi\,\sigma^2}} \ \exp\left\{-\frac{(x-\mu)^2}{2\sigma^2}\right\} \quad (-\infty < x < \infty)$$

を持つ確率変数 X を，平均 μ，分散 σ^2 の正規分布に従うといい，平均，分散のパラメータをそのまま使って $X \sim N(\mu, \sigma^2)$ と表す．正規分布は，平均 μ を中心に左右対称で，裾が軽い分布の典型的な分布で，確率論においても統計学においても中心となる確率分布である．

$N(\mu, \sigma^2)$ における確率密度関数は $\mu = 0$，$\sigma^2 = 1, 2$ に対して図 4.12 の通り．

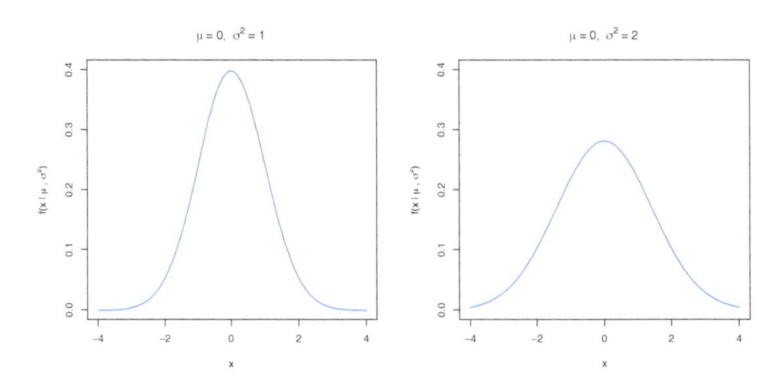

図 4.12　正規分布の確率密度関数

分散の値が大きくなったり小さくなったりすることで，確率密度関数の高さも低くなったり高くなったりしていることに注意．

5) ユーロ紙幣が流通する以前には，ドイツの旧 10 マルク紙幣にガウスの顔写真とこの正規分布の確率密度関数のグラフと記号が記載されたものがあったが，残念ながら平成 31 年現在，日本では著名な数学者が紙幣に採用されたことはない．

平均が0で分散が1である正規分布 $N(0,1)$ を特に，標準正規分布といい，その確率密度関数を $\phi(x)$，累積分布関数を $\Phi(x)$ と表す：

$$\phi(x) = \frac{1}{\sqrt{2\pi}} \exp\left(-\frac{x^2}{2}\right), \qquad \Phi(x) = \int_{-\infty}^{x} \phi(t)\, dt.$$

参考 4.2 変数変換と重積分の初歩でよく知られている関係

$$\int_{-\infty}^{\infty}\int_{-\infty}^{\infty} \exp(-x^2 - y^2)\, dxdy = \int_{0}^{2\pi}\int_{0}^{\infty} r \exp(-r^2)\, drd\theta = \pi$$

を利用することで，正規分布の確率密度関数において

$$\int_{-\infty}^{\infty} f(x|\mu, \sigma^2)\, dx = 1$$

を得る．

証明 簡単のために

$$x_1 = \frac{x-\mu}{\sqrt{2}\,\sigma}, \qquad dx_1 = \frac{1}{\sqrt{2}\,\sigma}\, dx$$

なる変数変換を行うと，

$$f(x_1) = \frac{1}{\sqrt{\pi}} \exp(-x_1^2)$$

となる．同様にして X_1 と独立な X_2 に対して $f(x_2)$ を考え，これらの積分値を J とおくと，

$$J = \int_{-\infty}^{\infty} f(x_1)dx_1 = \int_{-\infty}^{\infty} f(x_2)dx_2 > 0$$

である．よって，これの重積分は，極座標への変数変換 $r = \sqrt{x_1^2 + x_2^2}, \cos\theta = x_1/r, \sin\theta = x_2/r$ よりヤコビアン (Jacobian) は $\left|\dfrac{d(x_1, x_2)}{d(r, \theta)}\right| = r$ であるから，

$$J^2 = \int_{-\infty}^{\infty}\int_{-\infty}^{\infty} f(x_1)f(x_2)dx_1dx_2 = \frac{1}{\pi}\int_{-\infty}^{\infty}\int_{-\infty}^{\infty} \exp(-x_1^2 - x_2^2)\, dx_1dx_2$$

$$= \frac{1}{\pi}\int_0^{2\pi}\int_0^{\infty} r\,\exp(-r^2)\,drd\theta \;=\; \frac{1}{\pi}\int_0^{2\pi}\left[-\frac{1}{2}\;\exp(-r^2)\right]_0^{\infty}\;d\theta$$

$$= \frac{1}{\pi}\int_0^{2\pi}\frac{1}{2}\,d\theta \;=\; 1$$

となり，$J>0$ から $J=1$ が出て，求める結果が得られた (極座標への変数変換，ヤコビアンに関しては解析学のテキストを参照せよ). ■

$N(\mu,\sigma^2)$ における累積分布関数 $F(x)$ は $\mu=0,\ \sigma^2=1,2$ に対して図 4.13 の通り.

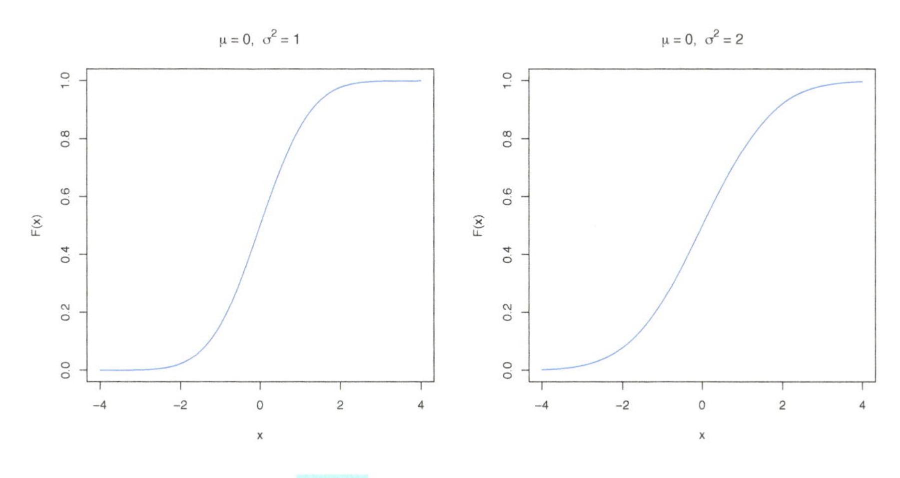

図 4.13　正規分布の累積分布関数

正規分布 $N(\mu,\sigma^2)$ における期待値は，確率密度関数が μ に関して対称であることから

$$\begin{aligned} E(X) &= \int_{-\infty}^{\infty} x\,f(x|\mu,\sigma^2)\,dx \\ &= \int_{-\infty}^{\infty} (x-\mu+\mu)\,f(x|\mu,\sigma^2)\,dx \\ &= \int_{-\infty}^{\infty} (x-\mu)\,f(x|\mu,\sigma^2)\,dx + \mu \;=\; \mu \end{aligned}$$

となり，分散は変数変換 $z = (x-\mu)/\sigma$ を行うと $dz = dx/\sigma$ で Z の確率密度関数が $\phi(z)$ であることから，

$$\begin{aligned} V(X) &= \int_{-\infty}^{\infty} (x-\mu)^2 f(x|\mu,\sigma^2)\,dx \\ &= \int_{-\infty}^{\infty} \sigma^2 z^2 \phi(z)\,dz \;=\; \sigma^2 \int_{-\infty}^{\infty} z\,(-\phi(z))'\,dz \\ &= \sigma^2 \left[-z\phi(z)\right]_{-\infty}^{\infty} + \sigma^2 \int_{-\infty}^{\infty} \phi(z)\,dz \;=\; \sigma^2 \end{aligned}$$

を得る．

標準正規分布 $N(0,1)$ のモーメントに関しては

$$E(X^k) \;=\; \begin{cases} 0, & k \text{ が奇数}, \\ (k-1)!!, & k \text{ が偶数} \end{cases}$$

という面白い結果がある．ただし，$(k-1)!!$ の記号は，例えば $k = 2,4,6$ に対して

$$\begin{aligned} (2-1)!! &= 1, \\ (4-1)!! &= 3 \times 1 \;=\; 3, \\ (6-1)!! &= 5 \times 3 \times 1 \;=\; 15 \end{aligned}$$

という計算を意味している．

4.3.6 指数分布

電化製品の寿命時間とか，稀な事象が起きてから次の稀な事象が起こるまでの時間などが従うような確率分布はどうなるであろうか．

区間 $[0,\infty)$ で以下のような確率密度関数

$$f(x|\lambda) \;=\; \lambda e^{-\lambda x} \quad (0 \le x < \infty, \quad \lambda > 0)$$

を持つ[6] 確率変数 X を指数分布に従うといい，$X \sim Ex(\lambda)$ と表す．

$\lambda = 1,2$ での確率密度関数は図 4.14 の通り．

6) 他のテキストでは，パラメータを $1/\lambda$ としたバージョンで

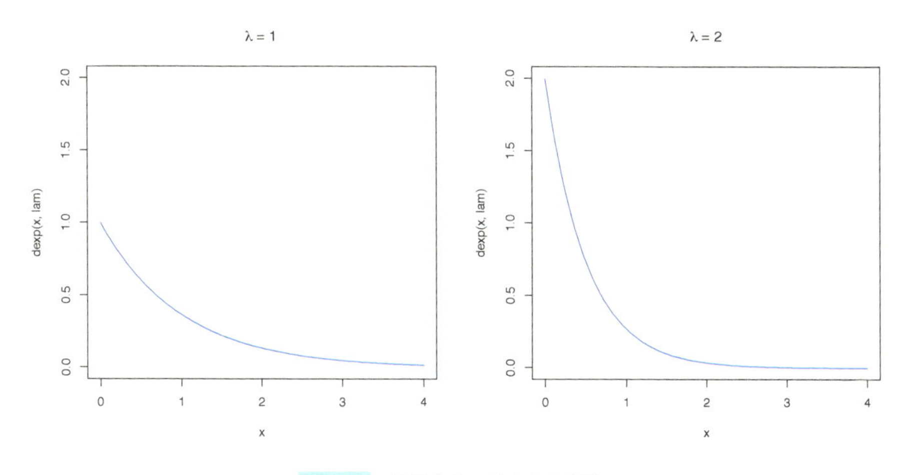

図 4.14　**指数分布の確率密度関数**

$Ex(\lambda)$ における確率密度関数の積分は

$$\int_0^\infty f(x)\,dx \;=\; \int_0^\infty \lambda\, e^{-\lambda\, x}\, dx \;=\; \left[-e^{-\lambda\, x}\right]_0^\infty \;=\; 1$$

となる．X が x 以下となる確率である累積分布関数は

$$F(x) \;=\; P(X \leq x) \;=\; \int_0^x f(t)dt \;=\; \left[-e^{-\lambda\, t}\right]_0^x \;=\; 1 - e^{-\lambda\, x}$$

である．

$\lambda = 1, 2$ での累積分布関数は図 4.15 の通り．
指数分布 $Ex(\lambda)$ における期待値は

$$\begin{aligned} E(X) &= \int_0^\infty x\, f(x)\, dx \;=\; \int_0^\infty x\, \lambda\, e^{-\lambda\, x}\, dx \\ &= \left[-x\, e^{-\lambda\, x}\right]_0^\infty + \int_0^\infty e^{-\lambda\, x}\, dx \end{aligned}$$

$$f(x|\lambda) \;=\; \frac{1}{\lambda}\, e^{-x/\lambda} \quad (0 \leq x < \infty, \quad \lambda > 0)$$

という定義もあるが，どちらも指数分布である．指数分布では，パラメータの設定がどうなっているのかに注意が必要である．

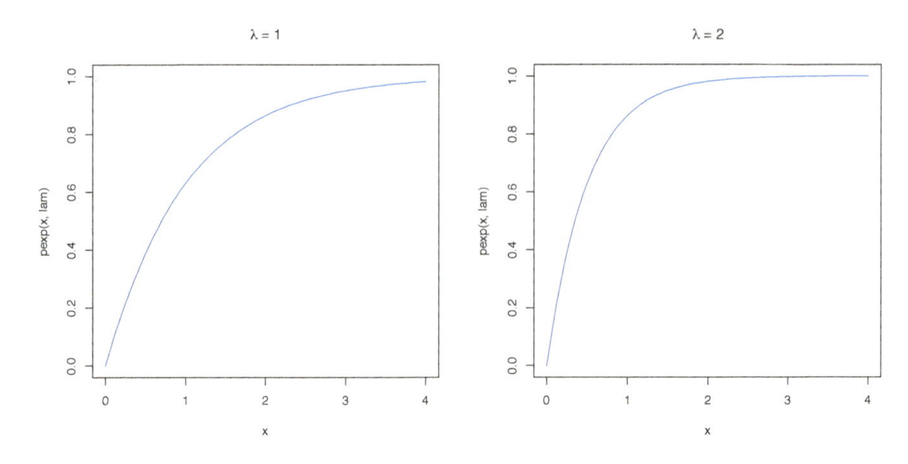

図 4.15 指数分布の累積分布関数

$$= \left[-\frac{1}{\lambda} e^{-\lambda x} \right]_0^\infty = \frac{1}{\lambda}$$

であり，分散は分散公式を利用すると $V(X) = E(X^2) - (E(X))^2$ であるから

$$\begin{aligned} E(X^2) &= \int_0^\infty x^2 f(x)\,dx = \int_0^\infty x^2 \lambda e^{-\lambda x}\,dx \\ &= \left[-x^2 e^{-\lambda x} \right]_0^\infty + 2\int_0^\infty x e^{-\lambda x}\,dx \\ &= \frac{2}{\lambda} \int_0^\infty x \lambda e^{-\lambda x}\,dx = \frac{2}{\lambda} E(X) = \frac{2}{\lambda^2} \end{aligned}$$

より，分散

$$V(X) = E(X^2) - (E(X))^2 = \frac{2}{\lambda^2} - \left(\frac{1}{\lambda}\right)^2 = \frac{1}{\lambda^2}$$

を得る．

問題 4.5

確率変数 X の確率密度関数が

$$f(x|\lambda) = \frac{1}{\lambda} e^{-x/\lambda} \quad (0 \le x < \infty, \quad \lambda > 0)$$

であるとするとき，X の期待値と分散を求めよ．

(問題の解答例)　X の期待値は

$$
\begin{aligned}
E(X) &= \int_0^\infty x\, f(x|\lambda)\, dx \;=\; \int_0^\infty x\, \frac{1}{\lambda}\, e^{-x/\lambda}\, dx \\
&= \left[-x\, e^{-x/\lambda}\right]_0^\infty + \int_0^\infty e^{-x/\lambda}\, dx \\
&= \left[-\lambda\, e^{-x/\lambda}\right]_0^\infty \;=\; \lambda
\end{aligned}
$$

であり，分散は分散公式を利用すると $V(X) = E(X^2) - (E(X))^2$ であるから

$$
\begin{aligned}
E(X^2) &= \int_0^\infty x^2\, f(x|\lambda)\, dx \;=\; \int_0^\infty x^2\, \frac{1}{\lambda}\, e^{-x/\lambda}\, dx \\
&= \left[-x^2\, e^{-x/\lambda}\right]_0^\infty + 2\int_0^\infty x\, e^{-x/\lambda}\, dx \\
&= 2\,\lambda \int_0^\infty x\, \frac{1}{\lambda}\, e^{-x/\lambda}\, dx \;=\; 2\,\lambda\, E(X) \;=\; 2\,\lambda^2
\end{aligned}
$$

より，分散

$$
V(X) \;=\; E(X^2) - (E(X))^2 \;=\; 2\,\lambda^2 - \lambda^2 \;=\; \lambda^2
$$

を得る．

(問題の別解答)　新たな確率変数として $Y = X/\lambda^2$ を考えると，変数変換から

$$
X \;=\; \lambda^2 Y, \qquad \frac{dx}{dy} \;=\; \lambda^2
$$

であるので，確率密度関数は

$$
f(x|\lambda)\, dx \;=\; \frac{1}{\lambda}\, e^{-\lambda^2 y/\lambda}\, \lambda^2\, dy \;=\; \lambda\, e^{-\lambda y}\, dy
$$

となる．ゆえに Y は指数分布 $Ex(\lambda)$ に従うので，X の期待値と分散は

$$
E(X) = E(\lambda^2 Y) \;=\; \lambda^2 E(Y) \;=\; \lambda^2 \cdot \frac{1}{\lambda} \;=\; \lambda,
$$

$$V(X) = V(\lambda^2 Y) = \lambda^4 V(Y) = \lambda^4 \cdot \frac{1}{\lambda^2} = \lambda^2$$

となる. ■

➤ 4.4 同時分布と周辺分布，独立性

4.4.1 離散型確率分布の同時確率

確率変数 X と Y を組にして確率分布を考えるとき，確率ベクトル (X, Y) の同時確率分布という.

例えば，X の取り得る値は $1, 2, 3$ で，Y の取り得る値は $-1, 0, 1$ であるときの同時確率は，表 4.1 の通りであるとする.

表 4.1 離散型確率分布の同時確率

$Y \backslash X$	1	2	3	合計
-1	$\frac{1}{20}$	$\frac{2}{20}$	$\frac{3}{20}$	$\frac{6}{20}$
0	$\frac{2}{20}$	$\frac{3}{20}$	$\frac{3}{20}$	$\frac{8}{20}$
1	$\frac{3}{20}$	$\frac{2}{20}$	$\frac{1}{20}$	$\frac{6}{20}$
合計	$\frac{6}{20}$	$\frac{7}{20}$	$\frac{7}{20}$	1

この確率表において，例えば

$$P(X = 1,\ Y = -1) = \frac{1}{20}, \quad P(X = 2,\ Y = 1) = \frac{2}{20}$$

が (X, Y) の同時確率の例である. また，X について，Y の値に依存しない X の周辺確率は

$$P(X = 1) = \sum_{j=-1}^{1} P(X = 1,\ Y = j) = \frac{6}{20},$$

$$P(X = 2) = \sum_{j=-1}^{1} P(X = 2,\ Y = j) = \frac{7}{20},$$

$$P(X=3) = \sum_{j=-1}^{1} P(X=3,\ Y=j) = \frac{7}{20}$$

であり，逆に Y について，X の値に依存しない Y の周辺確率は

$$P(Y=-1) = \sum_{i=1}^{3} P(X=i,\ Y=-1) = \frac{6}{20},$$

$$P(Y=0) = \sum_{i=1}^{3} P(X=i,\ Y=0) = \frac{8}{20},$$

$$P(Y=1) = \sum_{i=1}^{3} P(X=i,\ Y=1) = \frac{6}{20}$$

である．さて，このとき，確率変数 X と Y は独立であろうか？

X と Y が独立ならば，任意の $i=1,2,3$ と $j=-1,0,1$ に対して確率での定義式 (2 章での式 (3.2)) で見たように

$$P(X=i, Y=j) = P(X=i)P(Y=j)$$

が成り立つので，どこかの $P(X=i, Y=j)$ で成り立たないことを示せば独立ではないことになる．明らかに，

$$P(X=1, Y=-1) = \frac{1}{20} \neq P(X=1)P(Y=-1) = \left(\frac{6}{20}\right)^2$$

であるから，X と Y は独立ではない．

問題 4.6

先の X と Y の同時確率表において，周辺確率を用いて，X と Y が独立になるように同時確率の値を変更せよ．

(問題の解答例)　独立性の定義から，同時確率がその周辺確率の積となればよいので，表 4.2 のように簡単に求まる．

表 4.2

$Y\backslash X$	1	2	3	合計
-1	$\frac{36}{400}$	$\frac{42}{400}$	$\frac{42}{400}$	$\frac{6}{20}$
0	$\frac{48}{400}$	$\frac{56}{400}$	$\frac{56}{400}$	$\frac{8}{20}$
1	$\frac{36}{400}$	$\frac{42}{400}$	$\frac{42}{400}$	$\frac{6}{20}$
合計	$\frac{6}{20}$	$\frac{7}{20}$	$\frac{7}{20}$	1

4.4.2 同時確率分布と共分散，相関係数

2つの確率変数 X, Y の組を確率ベクトルといい (X, Y) とおく．この同時確率密度関数 (joint probability density function) を $f_{XY}(x, y)$ とおくと，2次元確率分布における同時累積分布関数 (joint cumulative distribution function) $F_{XY}(x, y)$ は

$$F_{XY}(x, y) \;=\; P(X \leq x, Y \leq y) \;=\; \int_{-\infty}^{x} \int_{-\infty}^{y} f_{XY}(x', y')\, dx' dy'$$

となる．同時分布関数ともいう．このとき，

$$F_X(x) = \lim_{y \to \infty} F_{XY}(x, y) \;=\; F_{XY}(x, \infty) \;=\; \int_{-\infty}^{x} \left(\int_{-\infty}^{\infty} f_{XY}(x', y')\, dy' \right) dx',$$

$$F_Y(y) = \lim_{x \to \infty} F_{XY}(x, y) \;=\; F_{XY}(\infty, y) \;=\; \int_{-\infty}^{y} \left(\int_{-\infty}^{\infty} f_{XY}(x', y')\, dx' \right) dy',$$

をそれぞれ，X, Y の周辺累積分布関数 (marginal cumulative distribution function) もしくは周辺分布関数といい， その微分である

$$f_X(x) \;=\; \frac{\partial}{\partial x} F_X(x), \quad f_Y(y) \;=\; \frac{\partial}{\partial y} F_Y(y),$$

をそれぞれ X, Y の周辺確率密度関数 (marginal probability density function) という．

一般に同時確率 (密度) 関数と周辺確率 (密度) 関数との関係として，$X = x$ を与えた下での Y の条件付き確率 (密度) 関数 (conditional probability (density) function) は

$$f_Y(y|x) \;=\; \frac{f_{XY}(x, y)}{f_X(x)} \qquad (f_X(x) > 0),$$

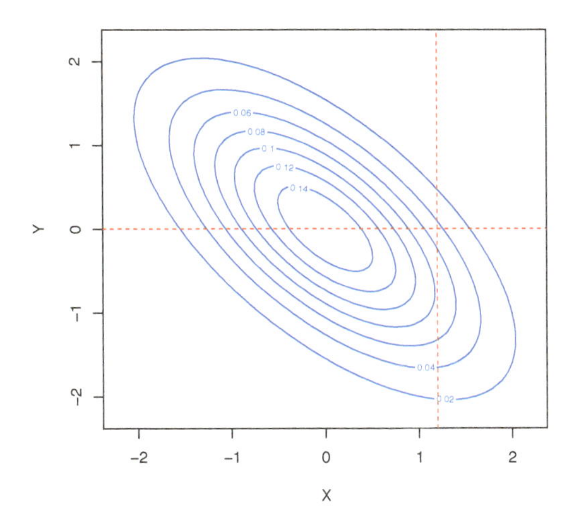

図 4.16　同時確率密度関数 (等高線)

逆に，$Y = y$ を与えた下での X の条件付き確率 (密度) 関数は

$$f_X(x|y) = \frac{f_{XY}(x, y)}{f_Y(y)} \qquad (f_Y(y) > 0),$$

として定義される．これらを条件付き確率分布 (conditional probability distribution) もしくは条件付き分布 (conditional distribution) という．

問題 4.7

先の同時確率分布の表 4.1 に対して，$Y = 0$ を与えた下での X の条件付き確率を求めよ．

(問題の解答例) $P(Y = 0) = 8/20$ であるので，求める条件付き確率は

$$f_X(1|0) = \frac{2}{8}, \quad f_X(2|0) = \frac{3}{8}, \quad f_X(3|0) = \frac{3}{8}$$

と求まる．■

ここで，2 変量同時確率分布における共分散と相関係数を定義しておく．

定義 4.5

確率ベクトル (X,Y) の共分散と相関係数はそれぞれ

$$
\begin{aligned}
Cov(X,Y) &= E\left[(X-E(X))(Y-E(Y))\right] \;=:\; \sigma_{XY},\\
Corr(X,Y) &= \frac{Cov(X,Y)}{\sqrt{V(X)\,V(Y)}} \;=:\; \rho
\end{aligned}
$$

と定義される．周辺分布における分散と共分散を同時にいうときは，分散共分散行列といわれ

$$
\mathbf{\Sigma} \;=\; \begin{pmatrix} V(X) & Cov(X,Y) \\ Cov(Y,X) & V(Y) \end{pmatrix}
$$

で定義される．

次の定理は共分散と独立性に関して重要である．

定理 4.1

確率ベクトル (X,Y) において，X と Y が独立ならば，その共分散は 0 である，すなわち $Cov(X,Y)=0$.

証明 確率ベクトル (X,Y) の共分散において，独立性から同時確率 (密度) 関数は

$$
f_{XY}(x,y) \;=\; f_X(x)\,f_Y(y)
$$

であるので，

$$
\begin{aligned}
Cov(X,Y) &= E\left[(X-E(X))(Y-E(Y))\right]\\
&= \int_{-\infty}^{\infty}\int_{-\infty}^{\infty}(x-E(X))(y-E(Y))\,f_{XY}(x,y)\,dxdy\\
&= \int_{-\infty}^{\infty}\int_{-\infty}^{\infty}(x-E(X))(y-E(Y))\,f_X(x)\,f_Y(y)\,dxdy\\
&= \int_{-\infty}^{\infty}(x-E(X))\,f_X(x)\,dx\int_{-\infty}^{\infty}(y-E(Y))\,f_Y(y)\,dy
\end{aligned}
$$

$$= (E(X) - E(X))(E(Y) - E(Y)) = 0$$

となる. ■

注 独立ならば共分散は 0 となるが，その逆は一般には成り立たない．共分散が 0 であるならば，相関係数も 0 となり無相関となるが，独立とは限らない．

定理 4.2

確率変数 X, Y の相関係数 ρ において $|\rho| \leq 1$ が成り立つ．

4.5　2 次元正規分布

2 次元確率ベクトル $\boldsymbol{X} = \begin{pmatrix} X_1 \\ X_2 \end{pmatrix}$ が 2 次元正規分布に従うとき，その確率密度関数は以下の通り：

$$f(x_1, x_2) = \frac{1}{2\pi\sqrt{|\boldsymbol{\Sigma}|}} \exp\left\{-\frac{1}{2}(\boldsymbol{x}-\boldsymbol{\mu})^T \boldsymbol{\Sigma}^{-1}(\boldsymbol{x}-\boldsymbol{\mu})\right\}.$$

ただし，記号 ^{T} は転置を表しており，$\boldsymbol{\mu}$ と $\boldsymbol{\Sigma}$ は $\boldsymbol{X}$ の平均ベクトルと分散共分散行列で

$$\boldsymbol{\mu} = E[\boldsymbol{X}] = \begin{pmatrix} \mu_1 \\ \mu_2 \end{pmatrix},$$

$$\boldsymbol{\Sigma} = V[\boldsymbol{X}] = \begin{pmatrix} \sigma_1^2 & \rho\sigma_1\sigma_2 \\ \rho\sigma_1\sigma_2 & \sigma_2^2 \end{pmatrix}$$

と表される．ρ は X_1 と X_2 の相関係数で，$|\boldsymbol{\Sigma}|$ は行列 $\boldsymbol{\Sigma}$ の行列式である．特に平均が $\boldsymbol{\mu} = \boldsymbol{0}$ で，分散共分散行列が $\boldsymbol{\Sigma} = \boldsymbol{I}_2$ であるとき，2 次元標準正規分布という．

2 次元正規分布において相関係数 ρ が 0 であるとき，

$$f(x_1, x_2) = \frac{1}{2\pi\sqrt{|\boldsymbol{\Sigma}|}} \exp\left\{-\frac{1}{2}(\boldsymbol{x}-\boldsymbol{\mu})^T \boldsymbol{\Sigma}^{-1}(\boldsymbol{x}-\boldsymbol{\mu})\right\}$$

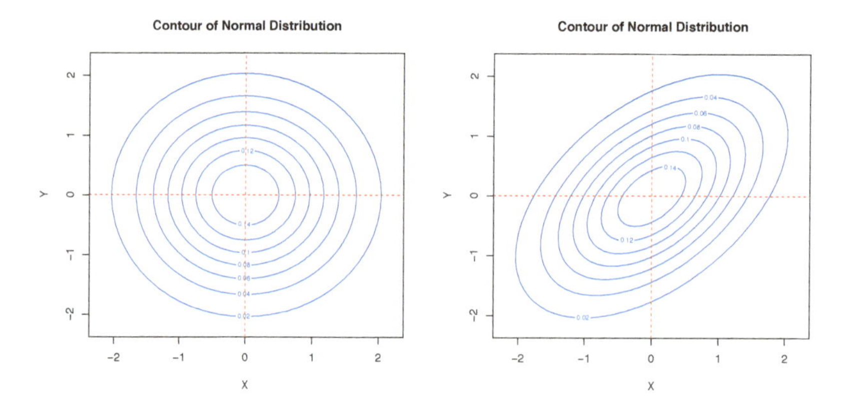

図 4.17 2 次元正規分布 (左図 $\rho = 0$; 右図 $\rho = 0.5$)

$$= \frac{1}{2\pi\,\sigma_1\,\sigma_2}\exp\left\{-\frac{(x_1-\mu_1)^2}{2\,\sigma_1^2}-\frac{(x_2-\mu_2)^2}{2\,\sigma_2^2}\right\}$$
$$= \frac{1}{\sqrt{2\pi}\,\sigma_1}\exp\left\{-\frac{(x_1-\mu_1)^2}{2\,\sigma_1^2}\right\}\cdot\frac{1}{\sqrt{2\pi}\,\sigma_2}\exp\left\{-\frac{(x_2-\mu_2)^2}{2\,\sigma_2^2}\right\}$$

であるので，$f(x_1, x_2) = f(x_1)f(x_2)$ となり，確率変数 X_1, X_2 は独立となる (図 4.17)．確率変数が独立ならば相関係数 ρ は 0 となるが，その逆は一般には成り立たないことは先に注意した．正規分布ではこれらが同値となるのである．

問題 4.8

$\rho \neq 0$ での 2 次元正規分布 $f(x_1, x_2)$ において，X_1 の周辺分布の確率密度関数を求めよ．

(問題の解答例) 同時確率密度関数が

$$f(x_1, x_2) = \frac{1}{2\pi\sqrt{|\boldsymbol{\Sigma}|}}\exp\left\{-\frac{1}{2}(\boldsymbol{x}-\boldsymbol{\mu})^T\boldsymbol{\Sigma}^{-1}(\boldsymbol{x}-\boldsymbol{\mu})\right\}$$
$$= \frac{1}{2\pi\,\sigma_1\,\sigma_2\sqrt{1-\rho^2}}\exp\left\{-\frac{(x_1-\mu_1,\,x_2-\mu_2)}{2\,\sigma_1^2\,\sigma_2^2\,(1-\rho^2)}\begin{pmatrix}\sigma_2^2 & -\rho\sigma_1\sigma_2\\ -\rho\sigma_1\sigma_2 & \sigma_1^2\end{pmatrix}\begin{pmatrix}x_1-\mu_1\\ x_2-\mu_2\end{pmatrix}\right\}$$

において，指数関数の中身だけを取り出してみると

$$(x_1-\mu_1, x_2-\mu_2)\begin{pmatrix}\sigma_2^2 & -\rho\sigma_1\sigma_2\\ -\rho\sigma_1\sigma_2 & \sigma_1^2\end{pmatrix}\begin{pmatrix}x_1-\mu_1\\ x_2-\mu_2\end{pmatrix}$$

$$= (\sigma_2^2(x_1-\mu_1)-\rho\sigma_1\sigma_2(x_2-\mu_2), -\rho\sigma_1\sigma_2(x_1-\mu_1)+\sigma_1^2(x_2-\mu_2))\begin{pmatrix} x_1-\mu_1 \\ x_2-\mu_2 \end{pmatrix}$$
$$= \sigma_2^2(x_1-\mu_1)^2 - 2\rho\sigma_1\sigma_2(x_1-\mu_1)(x_2-\mu_2)+\sigma_1^2(x_2-\mu_2)^2$$

であることから

$$-\frac{1}{2\,\sigma_1^2\,\sigma_2^2\,(1-\rho^2)}(x_1-\mu_1, x_2-\mu_2)\begin{pmatrix} \sigma_2^2 & -\rho\sigma_1\sigma_2 \\ -\rho\sigma_1\sigma_2 & \sigma_1^2 \end{pmatrix}\begin{pmatrix} x_1-\mu_1 \\ x_2-\mu_2 \end{pmatrix}$$
$$= -\frac{(x_1-\mu_1)^2}{2\,\sigma_1^2\,(1-\rho^2)}+\frac{\rho(x_1-\mu_1)(x_2-\mu_2)}{\sigma_1\sigma_2\,(1-\rho^2)}-\frac{(x_2-\mu_2)^2}{2\,\sigma_2^2\,(1-\rho^2)}$$
$$= -\frac{1}{2\,\sigma_2^2\,(1-\rho^2)}\left(x_2-\mu_2-\frac{\rho\sigma_2(x_1-\mu_1)}{\sigma_1}\right)^2-\frac{(x_1-\mu_1)^2}{2\,\sigma_1^2}$$

となり，

$$\int_{-\infty}^{\infty}\exp\left\{-\frac{1}{2\,\sigma_2^2\,(1-\rho^2)}\left(x_2-\mu_2-\frac{\rho\sigma_2(x_1-\mu_1)}{\sigma_1}\right)^2\right\}dx_2 = \sqrt{2\pi\,\sigma_2^2\,(1-\rho^2)}.$$

ゆえに以下の積分

$$\int_{-\infty}^{\infty} f(x_1,x_2)dx_2 = \frac{1}{\sqrt{2\pi}\,\sigma_1}\exp\left\{-\frac{(x_1-\mu_1)^2}{2\,\sigma_1^2}\right\}$$

を得るので，$X_1 \sim N(\mu_1, \sigma_1^2)$ となる．■

以上のことから，$X_1 = x_1$ を与えた下での X_2 の条件付き分布の確率密度関数は

$$f(x_2|x_1)$$
$$= \frac{1}{\sqrt{2\pi\,\sigma_2^2\,(1-\rho^2)}}\exp\left\{-\frac{1}{2\,\sigma_2^2\,(1-\rho^2)}\left(x_2-\mu_2-\frac{\rho\sigma_2(x_1-\mu_1)}{\sigma_1}\right)^2\right\}$$

となるので，X_1 を与えた下での条件付き平均と分散は

$$E[X_2\,|\,X_1] = \mu_2+\rho\frac{\sigma_2}{\sigma_1}(X_1-\mu_1), \quad V[X_2\,|\,X_1] = \sigma_2^2\,(1-\rho^2)$$

となる．この式と第 3 章の回帰直線の式 (7.3) と (7.4)

$$\hat{y} = \bar{y}+\frac{s_{xy}}{s_x^2}(x-\bar{x}) = \bar{y}+r_{xy}\frac{s_y}{s_x}(x-\bar{x})$$

を比べてみると，面白い対応関係がわかるであろう．

➤ 4.6 大数の法則，中心極限定理

一般的に，確率論の最も重要な関心事は，確率変数の列

$$X_1,\ X_2,\ X_3,\ \ldots,\ X_n,\ \ldots$$

が極限 $(n \to \infty)$ でどう振る舞うのか，ということであり，これは統計的推測においても非常に重要な理論である．統計とかデータサイエンスではデータを集めることが基礎の基礎となっているので，データをたくさん集めたとき何が生じるのか，ということに関心が向くのは自然なことであろう．

例えば X が二項分布 $B(100, 0.4)$ に従う場合に確率 $P(36 \leq X \leq 48)$ を求めたいとき，確率分布の定義に従えば

$$P(36 \leq X \leq 48) = \sum_{k=36}^{48} P(X = k) = \sum_{k=36}^{48} \binom{100}{k} 0.4^k\,(1-0.4)^{100-k}$$

を計算することになるが，もしも $n = 100$ が $n = 10000$ になってもこんな計算をすることは可能であろうか？

以下では，チェビシェフの不等式を利用して大数[7]の法則を示し，中心極限定理を見ていく．

4.6.1 大数の法則

標本平均で加えるデータの個数を多くするとどうなるか，を考える．すなわち，

$$\bar{X} = \frac{1}{n}\sum_{i=1}^{n} X_i \quad \Longrightarrow \quad ? \qquad (n \to \infty)$$

の結果を考えるのであるが，その前に，確率評価における面白い定理を見る．

定理 4.3 Chebyshev

平均と分散が μ, σ^2 である確率変数 X に対し，任意の $t > 0$ に対して

$$P(|X - \mu| \geq t) \leq \frac{\sigma^2}{t^2}, \qquad (6.2)$$

[7] 対数ではない．大数 (large numbers) である．

が成立する．この不等式を**チェビシェフの不等式** (Chebyshev's inequality) という．

証明 連続分布の場合，X の密度関数を $f(x)$ とおくと

$$\sigma^2 = \int_{-\infty}^{\infty}(x-\mu)^2 f(x)dx \ \geq \ \left\{\int_{-\infty}^{\mu-t} + \int_{\mu+t}^{\infty}\right\}(x-\mu)^2 f(x)dx$$
$$\geq t^2\left\{\int_{-\infty}^{\mu-t} + \int_{\mu+t}^{\infty}\right\} f(x)dx \ = \ t^2 P(|X-\mu| \geq t)$$

である．離散分布の場合，期待値の定義より

$$\sigma^2 = \Sigma_{k=0}^{\infty}(k-\mu)^2 p_k \ \geq \ \left\{\Sigma_{k=0}^{\max(0,\,\mu-t)} + \Sigma_{k=\mu+t}^{\infty}\right\}(k-\mu)^2 p_k$$
$$\geq \begin{cases} t^2 P(|X-\mu| \ \geq \ t), & (\mu - t \geq 0), \\ \mu^2 p_0 + t^2 P(X-\mu \ \geq \ t), & (\mu - t < 0), \end{cases}$$
$$\geq \begin{cases} t^2 P(|X-\mu| \ \geq \ t), & (\mu - t \geq 0), \\ t^2 P(X-\mu \ \geq \ t), & (\mu - t < 0). \end{cases}$$

ここで，$\mu - t < 0$ のとき $P(X-\mu \leq -t) = 0$ であるので

$$P(|X-\mu| \ \geq \ t) \ = \ P(X-\mu \ \geq \ t)$$

となり証明が完成した． ■

この不等式は平均と分散さえわかっていれば，確率分布に関わりなく使える非常に一般的な結果である．ちなみに不等式での上限を $\sigma^2 = 1$ で計算してみると，1 個の変数 X に対して

$$P(|X-\mu| \geq t) \ \leq \ \frac{1}{t^2} \ = \begin{cases} 1 & (t=1), \\ 0.25 & (t=2), \\ 0.11 & (t=3) \end{cases} \tag{6.3}$$

であるから，かなり粗い近似となっていることがわかる．このことから，$1/t^2$ が必ずしも $P(|X-\mu| \ \geq \ t)$ の良い近似とはならないことがいえる．この定理を利用した精密な理論結果として次の定理がある．

定理 4.4　大数の法則 (law of large numbers)

$X_1, \ldots, X_n$ を互いに独立で同じ分布に従う (統計的な観点からは無作為標本ともいう) 確率変数とする．$E(X) = \mu$，$V(X) = \sigma^2$ とおくと，確率変数の標本平均である

$$\bar{X} \;=\; \frac{1}{n}\sum_{i=1}^{n} X_i$$

について，任意の $\varepsilon > 0$ に対し

$$\lim_{n\to\infty} P(|\bar{X} - \mu| > \varepsilon) \;=\; 0 \tag{6.4}$$

が成立する．この収束を確率収束 (convergence in probability) といい

$$\bar{X} \;\xrightarrow{P}\; \mu \qquad (n \to \infty)$$

とも表す．

この大数の法則によれば，標本平均という統計量は無作為標本でのデータ数を増やせば増やすほど，母集団における確率分布の期待値に収束することがわかる，すなわち，標本平均の散らばりが段々小さくなっていって，期待値の一点に収束していくのである．大数の法則に関するイメージ図は図 4.18 の通り．

無作為標本 $X_1, \ldots, X_n$ における標本平均 $\bar{X}$ の期待値と分散は，独立性と同一性から以下のように計算される (章末問題)．

$$E(\bar{X}) = E\left(\frac{1}{n}\sum_{i=1}^{n} X_i\right) \;=\; \frac{1}{n}\sum_{i=1}^{n} E(X_i) \;=\; \mu,$$

$$V(\bar{X}) = E\left((\bar{X} - \mu)^2\right) \;=\; E\left[\left(\frac{1}{n}\sum_{i=1}^{n}(X_i - \mu)\right)^2\right]$$

$$= \frac{1}{n^2}\sum_{i=1}^{n} E\left[(X_i - \mu)^2\right] \;=\; \frac{\sigma^2}{n}.$$

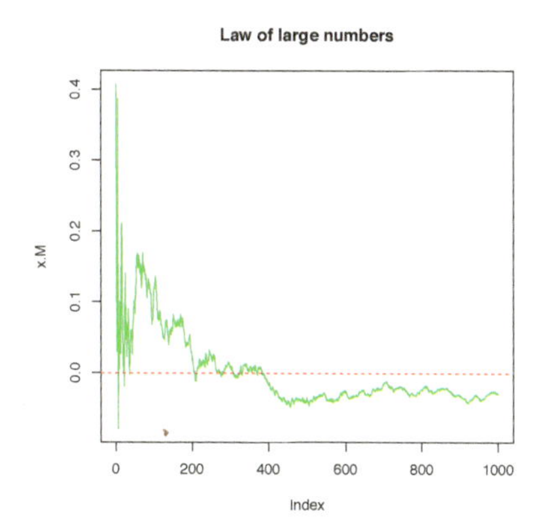

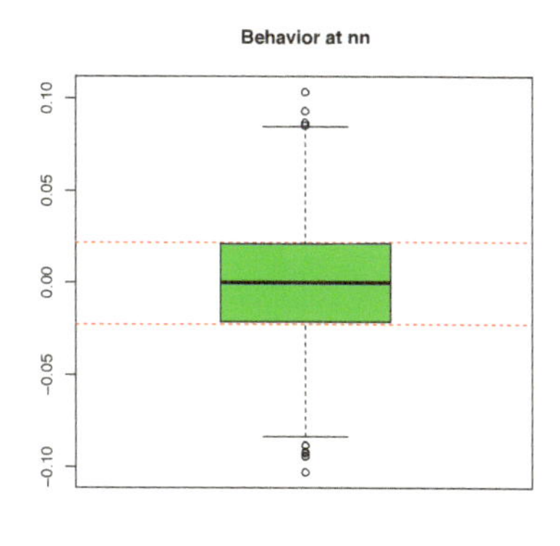

図 4.18　大数の法則のイメージ図：左図はサンプルパスであり，右図はこのサンプルパスの終点を 2000 回求めた結果の箱ひげ図である.

問題 4.9

定理 4.4 における (6.4) を証明せよ.

(問題の解答例)　標本平均の期待値と分散は $E(\bar{X}) = \mu$, $V(\bar{X}) = \sigma^2/n$ であるから，チェビシェフの不等式に適用すると，

$$P(|\bar{X} - \mu| > \varepsilon) \leq P(|\bar{X} - \mu| \geq \varepsilon) \leq \frac{V(\bar{X})}{\varepsilon^2} = \frac{\sigma^2}{n\,\varepsilon^2} \to 0 \quad (n \to \infty)$$

を得る. ■

この証明で使った最後の関係式

$$P(|\bar{X} - \mu| > \varepsilon) \leq \frac{\sigma^2}{n\,\varepsilon^2}$$

から，n 個の標本平均 $\bar{X}$ におけるチェビシェフの不等式

$$P(|\bar{X} - \mu| > c\,\sigma) \leq \frac{1}{n\,c^2} = \begin{cases} 1/n & (c = 1), \\ 0.25/n & (c = 2), \\ 0.11/n & (c = 3) \end{cases} \tag{6.5}$$

を得るので，例えば $c=2$ で $n=25$ のとき

$$P(|\bar{X}-\mu| > 2\sigma) \le \frac{1}{n\,c^2} = 0.01$$

となることがわかる．ちなみに，1 つの確率変数 X におけるチェビシェフの不等式 (6.3) では，

$$P(|X-\mu| > 2\sigma) \le \frac{1}{c^2} = 0.25$$

となるので，データ数を増やした平均値を用いると確率評価が小さくなっていくことがわかる．

4.6.2 中心極限定理

標本平均 $\bar{X}$ は大数の法則により平均値に確率収束した：

$$\lim_{n\to\infty} P(|\bar{X}-\mu| > \varepsilon) = 0$$

では，確率変数の和 $S_n = \sum_i X_i$ はどうなるのか，すなわち，$E(S_n) = n\mu$ に対して

$$\lim_{n\to\infty} P(|S_n - n\mu| > \varepsilon)$$

は求められるのか，を考える．これをチェビシェフの不等式に当てはめると，

$$P(|S_n - n\mu| > \varepsilon) = P\left(|\bar{X}-\mu| > \frac{\varepsilon}{n}\right) \le \frac{\sigma^2 n^2}{n\,\varepsilon^2} = n\frac{\sigma^2}{\varepsilon^2}$$
$$\to \infty \quad (n\to\infty)$$

となって，この確率評価としてはうまくいかないことから予想されるように，答えは否である．ちなみに，標本平均 $\bar{X}$ と和 $S_n = n\bar{X}$ とにおいて，$\mu=0$ のときのシミュレーション結果は図 4.19 の通りである．

そこで 2 つの中間にあたる $\sqrt{n}\bar{X}$ での漸近挙動[8] を考えて S_n を標準化 (もしくは $\bar{X}$ を標準化) することにより，標準化したものが漸近的に標準正規分布に収束するという中心極限定理を得る．これは確率論において本当に中心となる極限定理という意味でもある．

---

[8] データ数を大きくしていったときの統計量などの振舞いをいう．数学的には極限なのであるが，統計的には漸近という用語を用いる．

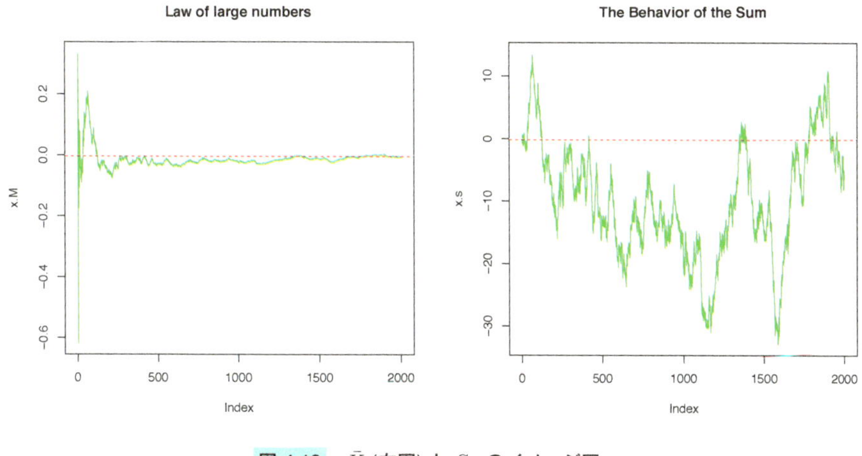

図 4.19　$\bar{X}$ (左図) と S_n のイメージ図

定理 4.5　中心極限定理 (central limit theorem)

平均 μ, 分散 σ^2 の分布からの無作為標本 $X_1, \ldots, X_n$ に対し $S_n = X_1 + \cdots + X_n$ とおくと

$$\lim_{n\to\infty} P\left(\frac{S_n - n\mu}{\sqrt{n}\sigma} \leq x\right) = \lim_{n\to\infty} P\left(\frac{\sqrt{n}(\bar{X} - \mu)}{\sigma} \leq x\right) = \Phi(x) \tag{6.6}$$

が成り立つ．ただし $\Phi(x)$ は標準正規分布の分布関数である．この収束を分布収束 (convergence in law) といい

$$\frac{\sqrt{n}(\bar{X} - \mu)}{\sigma} \xrightarrow{\mathcal{L}} N(0, 1) \qquad (n \to \infty)$$

とも表す．

標本平均 $\bar{X}$ の確率収束と分布収束を列挙してみると，

$$\bar{X} \xrightarrow{P} \mu, \qquad \frac{\sqrt{n}(\bar{X} - \mu)}{\sigma} \xrightarrow{\mathcal{L}} N(0, 1) \qquad (n \to \infty)$$

となるので，収束の違いが明確にわかる．歴史的には次のラプラス (Laplace) の定理が先にできたのであるが，二項分布での結果であり，もっと一般化された中心極

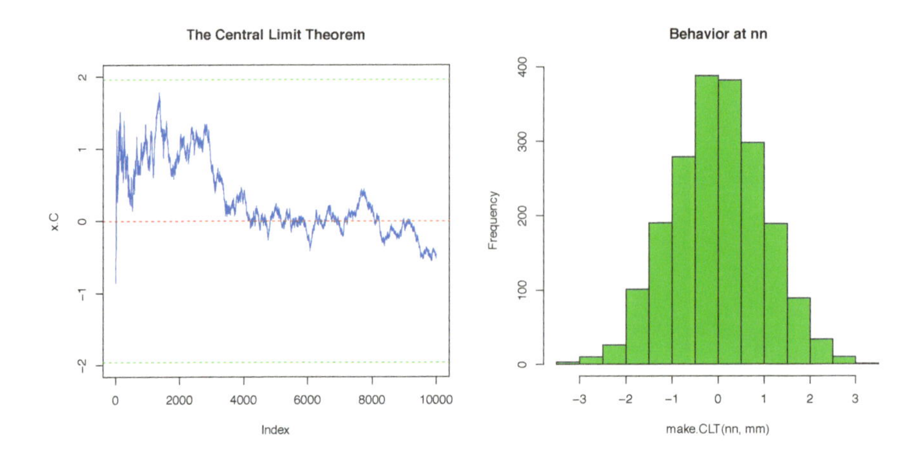

図 4.20 中心極限定理のイメージ図：左図はサンプルパスであり，右図はこのサンプルパスの終点を 1 万回した実施したヒストグラムである.

限定理があるので，今では中心極限定理の系としてのラプラスの定理という扱いとなっている.

定理 4.6 Laplace

二項分布 $B(n,p)$ に従う確率変数 X に対し

$$\lim_{n\to\infty} P\left(\frac{X-np}{\sqrt{np(1-p)}} \leq x\right) = \Phi(x) \tag{6.7}$$

が成立する．これをラプラスの定理という.

二項分布のような離散分布に対してラプラスの定理を適用して近似する場合，以下のような**半数補正** (continuity correction) を行う方が近似的な精度が良くなる.

X が二項分布 $B(n,p)$ に従い，a,b が整数のとき，半数補正を行ってラプラスの定理を適用すると

$$\begin{aligned}
p(a \leq X \leq b) &= P\left(a-\frac{1}{2} < X < b+\frac{1}{2}\right)\\
&= P\left(\frac{a-\frac{1}{2}-np}{\sqrt{np(1-p)}} < \frac{X-np}{\sqrt{np(1-p)}} < \frac{b+\frac{1}{2}-np}{\sqrt{np(1-p)}}\right)
\end{aligned}$$

$$\doteqdot \Phi\left(\frac{b+\frac{1}{2}-np}{\sqrt{np(1-p)}}\right) - \Phi\left(\frac{a-\frac{1}{2}-np}{\sqrt{np(1-p)}}\right)$$

となるが，そうでない場合には

$$p(a \leq X \leq b) \ \doteqdot \ \Phi\left(\frac{b-np}{\sqrt{np(1-p)}}\right) - \Phi\left(\frac{a-np}{\sqrt{np(1-p)}}\right)$$

となる．再生性のある分布は，定理 4.6 と同様に正規分布で近似できる．

問題 4.10

X が二項分布 $B(100, 0.4)$ に従うとき $P(30 \leq X \leq 45)$ を求めよ．半数補正をする場合としない場合，そして二項分布での数値を比較せよ．

(問題の解答例) $p = 0.4, q = 0.6, n = 100$ なので，平均は $np = 40$，分散は $npq = 24$ となる (図 4.21)．これにより，

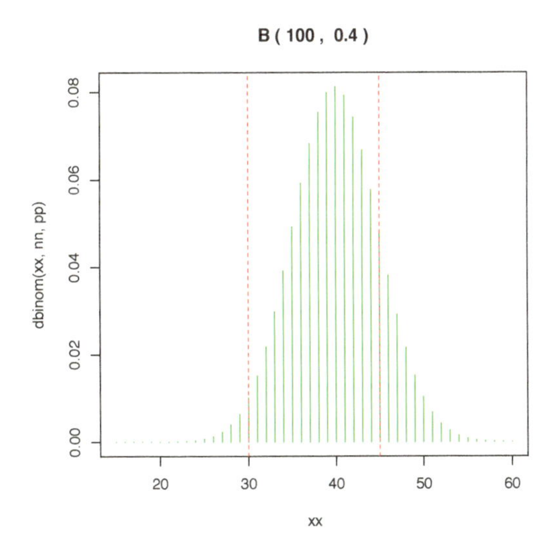

図 4.21

(1) 半数補正をした場合

$$
\begin{aligned}
P(30 \le X \le 45) &= P(29.5 \le X \le 45.5) \\
&= P\left(\frac{29.5-40}{\sqrt{24}} \le \frac{X-40}{\sqrt{24}} \le \frac{45.5-40}{\sqrt{24}}\right) \\
&\doteqdot \Phi(1.1227) - \Phi(-2.1433) = 0.85317
\end{aligned}
$$

(2) 半数補正をしない場合

$$
\begin{aligned}
P(30 \le X \le 45) &= P\left(\frac{30-40}{\sqrt{24}} \le \frac{X-40}{\sqrt{24}} \le \frac{45-40}{\sqrt{24}}\right) \\
&\doteqdot \Phi(1.0206) - \Phi(-2.0412) = 0.82567
\end{aligned}
$$

(3) 二項分布を直接計算した場合

$$
P(30 \le X \le 45) = \sum_{k=30}^{45} p_k = 0.85413
$$

となるので，この場合，半数補正した場合は直接計算と小数点 2 桁まで一致しているが，半数補正しない場合は小数点 1 桁までの一致でしかない． ■

4.6.3 視聴率調査における誤差

視聴率調査は，国や自治体，新聞社などが実施する世論調査と同様，統計理論に基づいた無作為標本による標本調査で，現在日本ではビデオリサーチ社 1 社が行っている．全国地区の中で，関東地区のみ 900 世帯，関西地区，中部地区は 600 世帯で，その他の地区においては 200 世帯で調査を行っている ($n = 900, 600, 200$)．視聴したか否かで考えると，視聴した世帯 X は二項分布 $B(n,p)$ に従うことになるので，標本数の多さからラプラスの定理を適用することもできる．

例えば関西地区での調査から視聴世帯数は x と求まるが，それを 600 世帯で割った視聴率は，関西地区全世帯における視聴率ではない．あくまで標本調査での結果であり，標本調査から得られた視聴率 $\hat{p}\ (= x/n)$ は，当然ながら標本誤差 (＝統計上の誤差) を伴うので，それを含めて評価する必要がある．このとき，95%信頼区間[9] を考慮した誤差の大きさは視聴率と標本数によって異なる．

[9] ここでは，確率的に 100 回中 95 回はこの幅に p が収まるであろう区間であるという認識で十分である．詳しいことは，確率統計の書籍を参照せよ．

$$\text{標本誤差} = 2\sqrt{\frac{\hat{p}(1-\hat{p})}{n}} \times 100\ (\%)$$

この標本誤差を表にしたものが以下である．

表 4.3　視聴率調査の標本誤差

世帯視聴率	標本数 3490	標本数 600	標本数 200
5%・95%	± 0.7%	± 1.8%	± 3.1%
10%・90%	± 1%	± 2.4%	± 4.2%
20%・80%	± 1.4%	± 3.3%	± 5.7%
30%・70%	± 1.6%	± 3.7%	± 6.5%
40%・60%	± 1.7%	± 4%	± 6.9%
50%	± 1.7%	± 4.1%	± 7.1%

標本数 600 の場合，視聴率が 10%での考慮すべき標本誤差は $\pm 2.4\%$ となる，すなわち，

$$95\%\ \text{信頼区間} = [10\% - 2.4\%,\ 10\% + 2.4\%] = [7.6\%,\ 12.4\%]$$

が 95%信頼区間となるので，関西地区での全世帯における視聴率は，7.6% から 12.4% の幅の中に 95% の確からしさであるらしいことがわかる (図 4.22)．このことからも，テレビ業界が視聴率競争で，0.1% の違いを一喜一憂している姿は統計的には滑稽なのであるが，広告主に対する説明責任のあるテレビ業界としては，この数字に対して真剣にならざるを得ないのであろう．広告主もぜひこの視聴率の意味を考えて頂きたい．

読者の中には，この視聴率での信頼区間が広すぎる，標本誤差が大きい等という意見を持つかも知れない．しかし，例えば標本誤差を半分の $\pm 1.2\%$，すなわち，

$$95\%\ \text{信頼区間} = [10\% - 1.2\%,\ 10\% + 1.2\%] = [8.8\%,\ 11.2\%]$$

にするための標本数となると，4 倍の 2400 世帯数が必要となるのである．標本誤差を半分の 1/2 にするためには調査費用が単純に見ても 4 倍となる．これをどう判断するかは経営者の判断に掛かっているが，視聴率の信頼区間という存在を考えると，これ以上精度を上げる必要はないであろう．ちなみに，表における標本数 3490 は，視聴率 10% での標本誤差が $\pm 1\%$ となるように逆算して求めた標本数である．

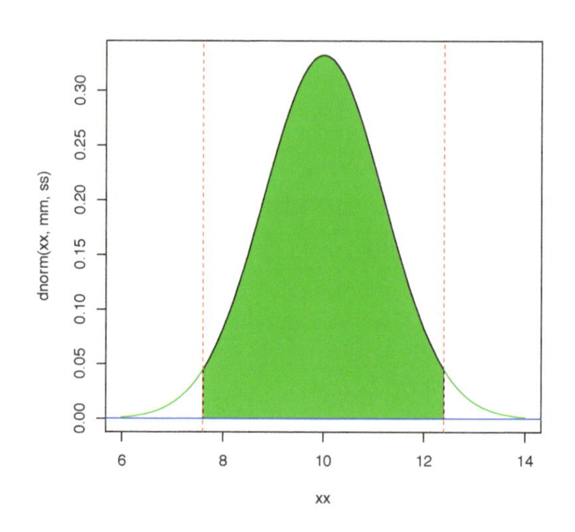

図 4.22　**視聴率調査の 10% の標本誤差** $(n = 600)$

➤ 第 4 章　練習問題

4.1　大学入試センターのリスニングテストの不具合に関して，2 つのプレス発表資料

例 4.3

プレス発表資料 (平成 21 年 4 月 28 日)　　独立行政法人大学入試センター
平成 21 年度大学入試センター試験英語リスニングにおける解答中に不具合等の申出があった機器の検証結果等について

1 検証対象機器台数 210 台
(参考) リスニング受験者数 494541 人
2 検証方法
不具合の申出があった機器について，メーカーが検証作業を実施．すべての機器について大学入試センター職員もヒアリング検査を実施．
3 検証結果 (単位：台，括弧内は昨年度)
A 機器の製造等に起因する不具合 11 (15)
B 機器の使用環境等に起因するもの 4 (17)
C 受験者から不具合の申出があったが，検証の結果，機器の不具合ではなかったもの 195 (110)
4 改善案
機器製造時の品質管理及び検査を徹底するとともに，受験者に対する機器の操作方法の事前周知に努める．

例 4.4　プレス発表資料 (平成 22 年 7 月 30 日)　　独立行政法人大学入試センター
平成 22 年度大学入試センター試験英語リスニングにおける解答中に不具合等の申出があった機器の検証結果等について

1 検証対象機器台数 191 台
(参考) リスニング受験者数 507509 人
2 検証方法
不具合の申出があった機器について，メーカーが検証作業を実施．すべての機器について大学入試センター職員もヒアリング検査を実施．
3 検証結果 (単位：台，括弧内は昨年度)
A 機器の製造等に起因する不具合 18 (11)
B 機器の使用環境等に起因するもの 14 (4)
C 受験者から不具合の申出があったが，検証の結果，機器の不具合ではなかったもの 159 (195)
4 改善案
機器製造時の品質管理及び検査を徹底するとともに，受験者に対する機器の操作方法の事前周知及び試験当日の説明方法の改善に努める．

を読んで，機器の不具合 A の台数がポアソン分布 $Po(\lambda)$ に従うとして，パラメータの λ はどうなるか．そのとき，機器の不具合 A の台数を基本的に 0 にすることが可能か否か，を考えてみよ．

4.2　ポアソン分布は二項分布 $B(n, p)$ において，$np(=\lambda)$ を一定にしながら n を無限大に p を 0 にしていくときに得られる確率分布であることを示せ．

4.3　(幾何分布)　コイン投げをするとき，初めて表が出るまでに何回コイン投げをしたか，という確率分布を幾何分布といい，$X \sim \mathrm{Geom}(p)$ $(0 < p < 1)$ と表す．ただし，p は表が出る確率である．この確率関数は

$$P(X = k) \ = \ p(1-p)^{k-1}, \quad (k \geq 1)$$

である．k が 1 以上で定義されていることに注意．図 4.23 は，$p = 0.2, 0.5$ における幾何分布の確率関数と累積分布関数である．
以下の問いに答えよ．

1. 総和 $\sum_{k=1}^{\infty} P(X = k) = 1$ を計算して求めよ．
2. 確率変数 X の期待値が $E(X) = 1/p$ となることを確かめよ．ここでテイラー (Taylor) 展開による基本的な公式

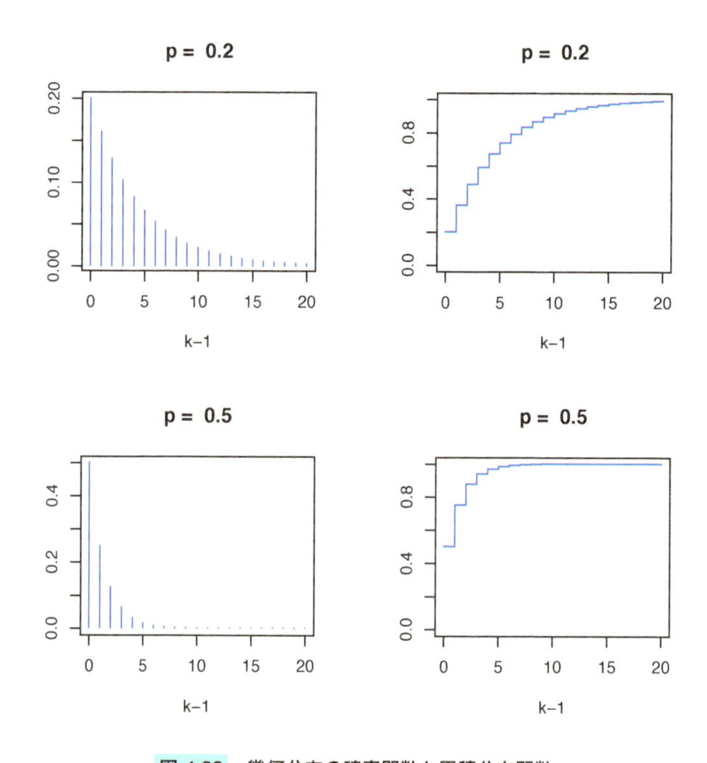

図 4.23 幾何分布の確率関数と累積分布関数

$$\frac{1}{1-x} = \sum_{k=0}^{\infty} x^k \quad (|x| < 1)$$

を利用してもよい．

3. 確率変数 X の分散が $V(X) = (1-p)/p^2$ となることを確かめよ．

4.4 (負の二項分布) 幾何分布の一般形に負の二項分布がある．これはベルヌーイ試行を, 0 が r 回出るまで続けるとき，その間に 1 の出る回数を X としたときの確率分布を負の二項分布 $NB(r,p)$ という．ただし，p $(0 < p \leq 1)$ は 0 の出る確率である．この確率関数は

$$P(X=k) = \binom{r+k-1}{r-1} p^r (1-p)^k, \quad (k \geq 0)$$

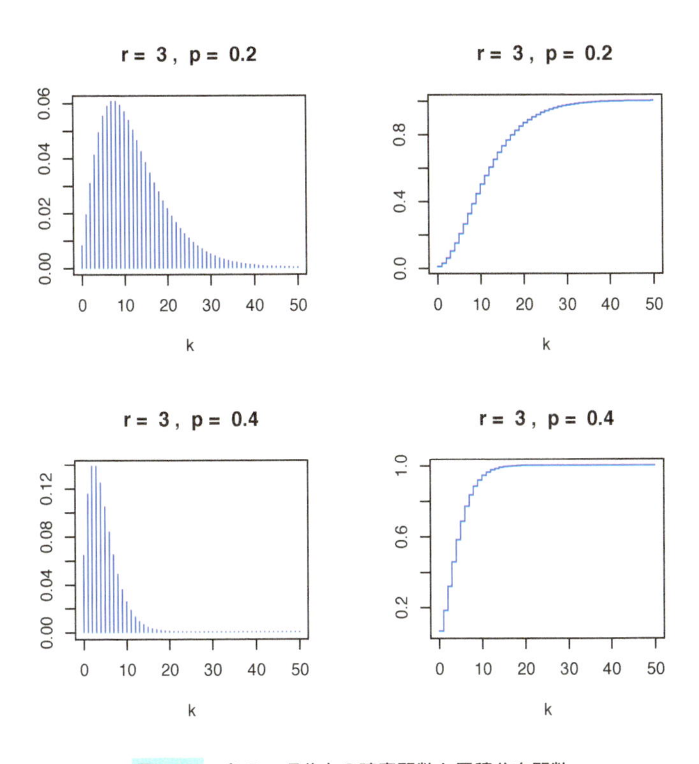

図 4.24　負の二項分布の確率関数と累積分布関数

である．図 4.24 は，$r=3$ と $p=0.2, 0.4$ における負の二項分布の確率関数と累積分布関数である．

以下の問いに答えよ．ただし，次の等式を利用してもよい．

$$(1-x)^{-\beta} = \sum_{n=0}^{\infty} \binom{n+\beta-1}{n} x^n \quad (|x|<1).$$

1. 総和 $\sum_{k=0}^{\infty} P(X=k)=1$ を計算して求めよ．

2. 確率変数 X の期待値が $E(X)=r(1-p)/p$ となることを確かめよ．

3. 確率変数 X の分散が $V(X)=r(1-p)/p^2$ となることを確かめよ．

4.5 (超幾何分布)　例えば，50 名からなるクラスでの女子学生は 20 名であるとき，ランダムに 5 名指名した場合その中に女子学生が何人 (X) 入っているかという確率は，どのような確率分布に従うであろうか．このような確率変数 X が従う確率分布を超幾何分布 $HG(M, N, n)$ という．今の例では，$M = 50, N = 20, n = 5$ である．一般にこの確率関数は

$$P(X = k) = \binom{N}{k}\binom{M-N}{n-k}\Big/\binom{M}{n}$$

である．ただし，$\max(0, N+n-M) \leq k \leq \min(N, n)$ である．図 4.25 は，$M = 50, N = 20$ における $n = 5, 10$ での超幾何分布の確率関数と累積分布関数である．

以下の問いに答えよ．

1. 以下の等式を示せ．

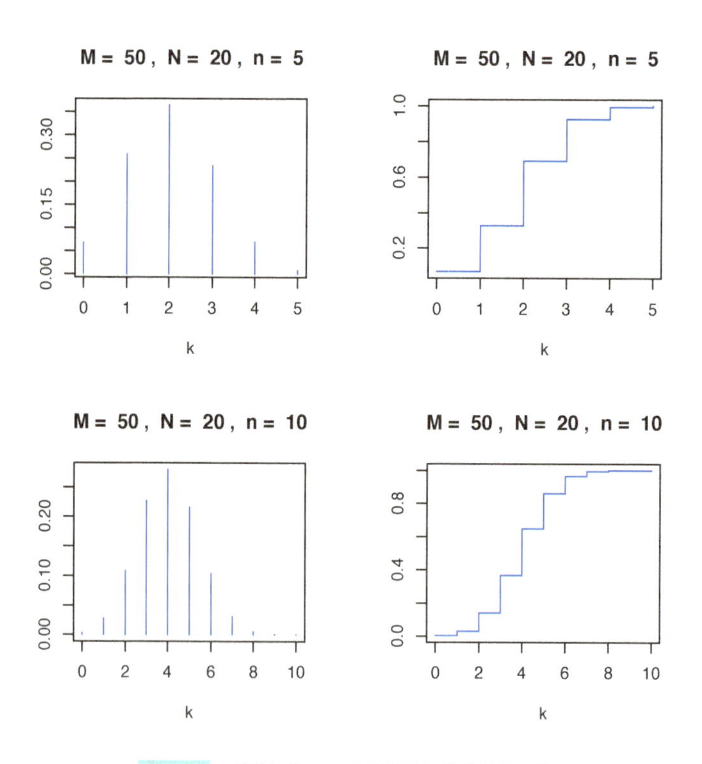

図 4.25　超幾何分布の確率関数と累積分布関数

$$\binom{M}{n} = \sum_{k=0}^{n} \binom{N}{k} \binom{M-N}{n-k}$$

2. 総和 $\sum_{k=\max(0,N+n-M)}^{\min(N,n)} P(X=k)=1$ を計算して求めよ.

3. 確率変数 X の期待値が $E(X)=nN/M$ となることを確かめよ.

4. 確率変数 X の分散が $V(X)=nN(M-N)(M-n)/(M^2(M-1))$ となることを確かめよ.

4.6 (ガンマ分布)　指数分布を一般化した確率分布がガンマ分布であり, $X \sim \mathrm{Gamma}(\alpha, \beta)$ と表す.　この確率密度関数は

$$f(x) = \frac{1}{\beta^\alpha \Gamma(\alpha)} x^{\alpha-1} e^{-\frac{x}{\beta}}, \quad (x>0,\ \alpha,\beta>0)$$

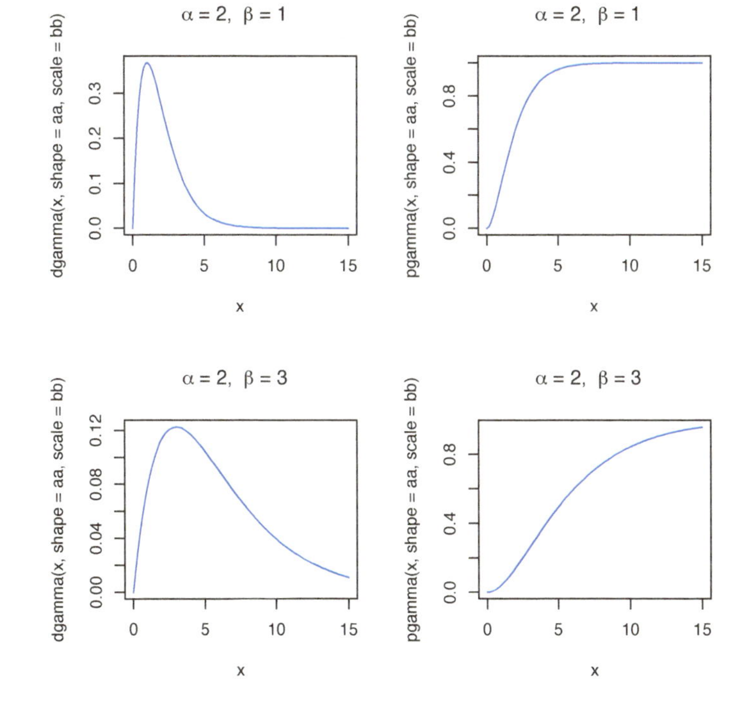

図 4.26　ガンマ分布の確率密度関数と累積分布関数

である．α は shape パラメータ，β は scale パラメータと呼ばれる．また，$\alpha > 0$ のとき $\Gamma(\alpha) = \int_0^\infty e^{-t}\, t^{\alpha-1}\, dt$ はガンマ関数と呼ばれ，α が自然数 n のとき $\Gamma(n) = (n-1)!$ となる．また $\Gamma(1) = 1$，$\Gamma(1/2) = \sqrt{\pi}$ である． 図 4.26 は，$\alpha = 2, \beta = 1$ と $\alpha = 2, \beta = 3$ におけるガンマ分布の確率密度関数と累積分布関数である．

以下の問いに答えよ．

1. $\int_0^\infty x^{\alpha-1}\, e^{-\frac{x}{\beta}}\, dx = \beta^\alpha\, \Gamma(\alpha)$ を示せ．

2. 積分 $\int_0^\infty f(x)dx = 1$ を計算して求めよ．

3. 確率変数 X の期待値が $E(X) = \alpha\beta$ となることを確かめよ．

4. 確率変数 X の分散が $V(X) = \alpha\beta^2$ となることを確かめよ．

5. 指数分布 $Ex(\lambda)$ が Gamma$(1, 1/\lambda)$ であることを確認せよ．

4.7 (ベータ分布)　二項分布の連続版のような確率分布がベータ分布であり，$X \sim \mathrm{Beta}(\alpha, \beta)$ と表す．この確率密度関数は

$$f(x) \;=\; \frac{\Gamma(\alpha+\beta)}{\Gamma(\alpha)\,\Gamma(\beta)}\, x^{\alpha-1}\,(1-x)^{\beta-1}, \quad (0 < x < 1,\ \alpha, \beta > 0)$$

である． ここで，$B(\alpha, \beta) = \Gamma(\alpha)\Gamma(\beta)/\Gamma(\alpha+\beta)$ は Beta 関数である．図 4.27 は，$\alpha = 2, \beta = 1$ と $\alpha = 2, \beta = 3$ におけるベータ分布の確率密度関数と累積分布関数である．

以下の問いに答えよ．

1. 以下を示せ．

$$B(\alpha, \beta) \;=\; \frac{\Gamma(\alpha)\Gamma(\beta)}{\Gamma(\alpha+\beta)} \;=\; \int_0^1 x^{\alpha-1}\,(1-x)^{\beta-1}\, dx.$$

2. 積分 $\int_0^1 f(x)dx = 1$ を確認せよ．

3. 確率変数 X の期待値が $E(X) = \alpha/(\alpha+\beta)$ となることを確かめよ．

4. 確率変数 X の分散が $V(X) = \alpha\beta/((\alpha+\beta)^2(\alpha+\beta+1))$ となることを確かめよ．

5. ベータ分布で $\alpha = \beta = 1$ とした場合一様分布 $U(0, 1)$ と等しくなることを示せ．

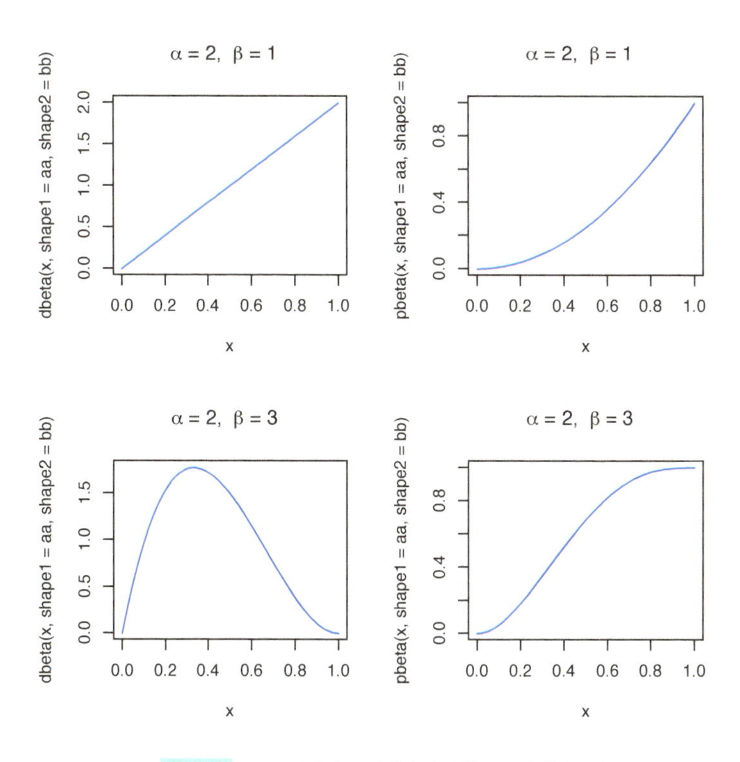

図 4.27　ベータ分布の確率密度関数と累積分布関数

4.8 (コーシー分布)　平均も分散も存在しない (86 ページを参照せよ) 確率分布の代表がコーシー (Cauchy) 分布であり，この確率密度関数は

$$f(x) \;=\; \frac{1}{\pi\,(1+x^2)}, \qquad (-\infty < x < \infty)$$

である (図 4.28). 以下の問いに答えよ.

1. 次の等式 (C は積分定数)

$$\int \frac{1}{1+x^2}\,dx \;=\; \tan^{-1}(x) + C$$

を用いて，積分 $\int_0^\infty f(x)dx$ を計算して求めよ.

2. 確率変数 X の期待値 $E(X)$ が存在しないことを確認せよ.

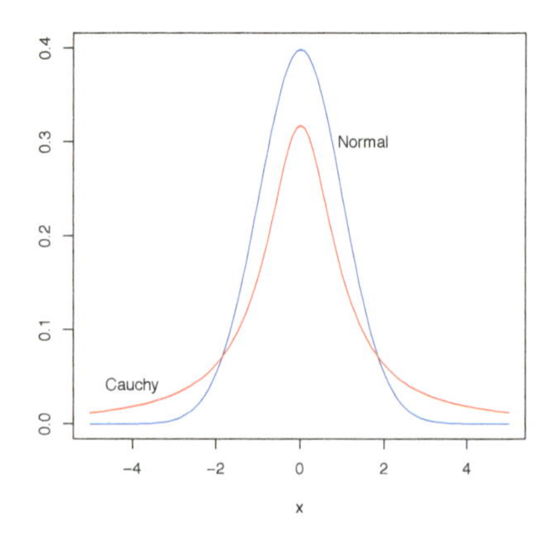

図 4.28　標準正規分布とコーシー分布の確率密度関数

4.9 連続型確率変数 X の確率密度関数が以下であるとする.

$$f(x) = a(x-1) \qquad (1 \leq x \leq 3; \quad a > 0).$$

以下の設問に答えよ.

1. $f(x)$ が確率密度関数となるように定数 a を定めよ.
2. 確率変数 X の平均を求めよ.

4.10 互いに独立である 2 つの確率変数 X, Y に対して, 新たな確率変数

$$Z = X - Y$$

を考える. このとき, Z の期待値と分散を求めよ.
　ただし, X, Y の期待値と分散は共に, それぞれ μ, σ^2 であるとする.

4.11 互いに独立である 3 つの確率変数 X, Y, Z に対して, 新たな確率変数

$$W = \frac{X}{4} + \frac{Y}{2} - \frac{Z}{4}$$

を考える. このとき, W の期待値と分散を求めよ.
　ただし, X, Y, Z の期待値と分散は共に, それぞれ μ, σ^2 であるとする.

4.12 確率変数 X, Y の相関係数 $\rho = Corr(X, Y)$ において $|\rho| \leq 1$ が成り立つ

ことを示せ.

4.13 期待値と分散が μ, σ^2 である確率変数の無作為標本 $X_1, \ldots, X_n$ に対して，標本平均 $\bar{X}$ の期待値と分散が，以下のようになることを示せ.

$$E(\bar{X}) = \mu, \qquad V(\bar{X}) = \frac{\sigma^2}{n}.$$

このとき，無作為標本の独立性と同一性から，同時確率 (密度) 関数 $f_n(\cdot)$ は

$$f_n(x_1, \ldots, x_n) = f(x_1) \cdots f(x_n) = \prod_{i=1}^{n} f(x_i)$$

となることを用いてもよい. ただし，f は無作為標本における確率 (密度) 関数である.

4.14 (重複対数の法則のシミュレーション) X_i は平均 0，分散 1 の独立同一分布に従うとき，その和を $S_n = X_1 + \cdots + X_n$ とする. このとき次の関係が成り立つことが重複対数の法則 (law of the iterated logarithm) として知られている.

$$P\left[\limsup_{n\to\infty} \frac{S_n}{\sqrt{2n\log(\log(n))}} = 1\right] = 1,$$

$$P\left[\liminf_{n\to\infty} \frac{S_n}{\sqrt{2n\log(\log(n))}} = -1\right] = 1.$$

この法則に対し，X_i $(i = 1, \ldots, n)$ が独立同一に標準正規分布に従うとしてその和 S_n のサンプルパスを描き，2 つの関数 $g_1(x) = \sqrt{2x\log(\log(x))}$，$g_2(x) = -\sqrt{2x\log(\log(x))}$ $(x \geq 3)$ のグラフとの関係をシミュレーションしてみよ (図 4.29).

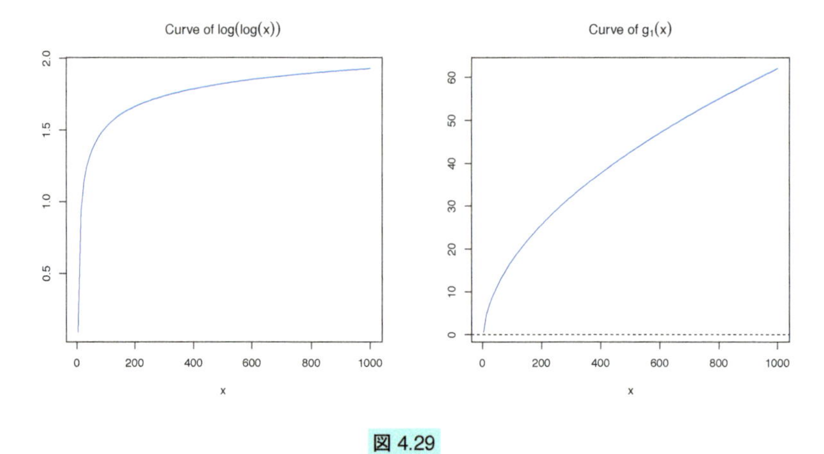

Curve of log(log(x))
2.0
1.5
1.0
0.5
0
200
400
600
800
1000
x
Curve of g1(x)
60
50
40
30
20
10
0
0
200
400
600
800
1000
x

図 4.29

第 5 章 統計的な話題

この章では，統計の初歩的なテキストには記載されていないような話題の中で，統計的な話題として，シンプソンのパラドックスと無作為化回答法を取り上げる．

シンプソンのパラドックスは，統計的因果推論でのパラドックスではあるが，ここではデータ処理的な扱いとして見た場合の説明を行う．無作為化回答法は，プライバシーに関するアンケート調査などにおいて，回答者が周りの目を気にしないで回答することができかつその回答だけでは意味をなさないという統計的手法の 1 つである．中学校や高校などの「いじめ」に関するアンケート調査などに活用されることを期待している．

5.1 シンプソンのパラドックス

河野 (2007)『人口学への招待』(p. 34) に掲載されていたデータに，ニューヨーク (NY) とリッチモンド (RM) の結核死亡率 (1910 年) (粗死亡率は 10 万人あたり) がある (表 5.1).

表 5.1 ニューヨーク (NY) とリッチモンド (RM) の結核死亡率 (1910 年)

	人口		死亡数		粗死亡率	
	NY	RM	NY	RM	NY	RM
白人	4,675,174	80,895	8,365	131	179	162
黒人	91,709	46,733	513	155	559	332
合計	4,766,883	127,628	8,878	286	186	224

このデータの粗死亡率に関して，興味深いことがわかる．

- 白人と黒人の合計で見た場合，NY は RM よりも結核死亡率は低い．
- しかし，白人と黒人に分けてみると，RM の方が NY よりもいずれの場合でも結核死亡率は低い．
- はたして NY と RM のどちらが結核死亡率が高いといえるであろうか？

このようなデータをシンプソン (Simpson) のパラドックスという．もう少し詳しく死亡率のデータを見てみる．

- 両市とも，黒人の結核死亡率は白人の 2 倍以上である．
- 人口割合において，黒人の占める割合が NY でたった 2%であるにもかかわらず，RM では 37%である．

よって，合計での結核死亡率における人口ウエイトの違いが，大きく影響しているであろうことがわかる．

問題 5.1

仮に RM の黒人人口の数字のみが 2 倍であったとすると，粗死亡率は NY と RM でどうなるか，検討せよ．

(問題の解答例) RM の黒人人口は元々が 46,733 人だったので，2 倍にすると 93,466 人となるため，粗死亡率は 332 から半分の 166 となる (表 5.2).

表 5.2

	人口		死亡数		粗死亡率	
	NY	RM	NY	RM	NY	RM
白人	4,675,174	80,895	8,365	131	179	162
黒人	91,709	**93,466**	513	155	559	**166**
合計	4,766,883	174,361	8,878	286	186	164

この場合には，NY の方が RM よりも結核死亡率が，白人でも黒人でも高く，全体でも高いことになり，シンプソンのパラドックスとはならない． ■

パラドックスの仕組みを別の例を利用して見てみる．O 大学の文系学部と理系学部に関して，A 予備校と E 予備校の実績が表 5.3 のように報告され，A 予備校は E 予備校よりも合格率が高いことを宣伝することにした．

表 5.3

	O 大学文系学部			O 大学理系学部		
	受験者数	合格者数	合格率	受験者数	合格者数	合格率
A 予備校	200 人	50 人	25%	20 人	10 人	50%
E 予備校	20 人	4 人	20%	200 人	80 人	40%

ところが，E 予備校はこのデータを眺めた後，O 大学全体の合格率を計算することにしたのが表 5.4 で，E 予備校は A 予備校よりも O 大学全体での合格率が高いことを宣伝することにした．

表 5.4

	O 大学全体		
	受験者数	合格者数	合格率
A 予備校	220 人	60 人	27.3%
E 予備校	220 人	84 人	38.2%

どちらの合格率も間違いではないが，文系と理系に分けて考えると A 予備校の合格率が高くて，O 大学全体で考えると E 予備校の合格率が高いというシンプソンのパラドックスがここにも表れている．そこでこの例を表 5.5 のように記号化する．

この分割表において，次の式変形を考える：

$$
\begin{aligned}
r_A = \frac{x_A + y_A}{m_A + n_A} &= \frac{m_A}{m_A + n_A} \cdot \frac{x_A}{m_A} + \frac{n_A}{m_A + n_A} \cdot \frac{y_A}{n_A} \\
&= w_A p_A + (1 - w_A) q_A \qquad \left(w_A = \frac{m_A}{m_A + n_A} \right), \\
r_E = \frac{x_E + y_E}{m_E + n_E} &= \frac{m_E}{m_E + n_E} \cdot \frac{x_E}{m_E} + \frac{n_E}{m_E + n_E} \cdot \frac{y_E}{n_E} \\
&= w_E p_E + (1 - w_E) q_E \qquad \left(w_E = \frac{m_E}{m_E + n_E} \right).
\end{aligned}
$$

表 5.5

	O 大学文系学部			O 大学理系学部		
	受験者数	合格者数	率	受験者数	合格者数	率
A 予備校	m_A	x_A	p_A	n_A	y_A	q_A
E 予備校	m_E	x_E	p_E	n_E	y_E	q_E

	O 大学全体		
	受験者数	合格者数	率
A 予備校	$m_A + n_A$	$x_A + y_A$	r_A
E 予備校	$m_E + n_E$	$x_E + y_E$	r_E

ここで重要なことは，割合の性質から次のような関係

$$(p_A > p_E) \cap (q_A > q_E) \implies r_A > r_E$$

が常に成り立つわけではないということである．しかし，注目すべき割合 w_A, w_E に関しては，

$$w_A \doteq 1 \cap w_E \doteq 0 \implies \frac{r_A}{r_E} \doteq \frac{p_A}{q_E}$$

という関係が成り立つので，この場合

$$p_A < q_E \implies r_A < r_E$$

もしくは

$$p_A > q_E \implies r_A > r_E$$

という関係を得る．先のデータでは，表 5.6 であったので

$$w_A = \frac{200}{200+20} = 90.9\%, \quad w_E = \frac{20}{20+200} = 9.1\%$$

であり，$p_A = 25\%$，$q_E = 40\%$ であるから

$$p_A < q_E \implies r_A < r_E$$

となり，実際に $r_A = 27.3\%$，$r_E = 38.2\%$ となっている．すなわち，A 予備校の O 大学文系学部における合格率と E 予備校の O 大学理系学部における合格率の関係が，O 大学全体の合格率の関係に継承されているのであった．

表 5.6

	O 大学文系学部			O 大学理系学部		
	受験者数	合格者数	率	受験者数	合格者数	率
A 予備校	200 人	50 人	25 %	20 人	10 人	50 %
E 予備校	20 人	4 人	20 %	200 人	80 人	40 %

	O 大学全体		
	受験者数	合格者数	率
A 予備校	220 人	60 人	27.3 %
E 予備校	220 人	84 人	38.2 %

5.2　無作為化回答法

例 5.1　職場のセクハラ経験率は日本 6%，インドがワースト 1 位

2010 年 8 月 12 日 (ロイター)

ロイターとイプソスが世界 20 か国以上で実施した共同調査では，10 人に 1 人が職場でのセクハラ (性的嫌がらせ) を経験していることがわかった．調査は 1 万 2000 人を対象に実施．職場でのセクハラ経験率が最も高い国はインドの 26%で，以下，中国，サウジアラビア，メキシコ，南アフリカの順番でワースト 5 となった．一方，最も低かったのはスウェーデンとフランスの 3%．日本はスペインやカナダ，アルゼンチンと並び 6%だった．(中略)
各国の職場でのセクハラ経験者の比率は以下の通り：
インド 26%，中国 18%，サウジアラビア 16%，メキシコ 13%，南アフリカ 10%，イタリア 9%，ブラジル 8%，ロシア 8%，韓国 8%，米国 8%，ハンガリー 7%，日本 6%，スペイン 6%，カナダ 6%，アルゼンチン 6%，ポーランド 5%，ドイツ 5%，ベルギー 5%，オーストラリア 4%，英国 4%，フランス 3%，スウェーデン 3%．

https://jp.reuters.com/article/idJPJAPAN-16751820100812

あまり知られたくない情報，例えば非常に私的な内容や違法行為の経験の有無など，正直な回答をためらう調査項目については，通常の直接質問法ではなく，

- 無作為化回答法 (randomized response technique)

● item count 法 (item count technique)

といった間接質問法 (indirect questioning technique)[1] を用いることも選択肢の1つとなる．そこでは回答方法を工夫することで各人の情報を秘匿し，より正直な回答を得ることができる．

例えば，飲酒したことがある高校生の割合 p を調べるとする．

(1) 回答選択肢が異なる質問項目を2つ用意する．

- 質問項目1：あなたは飲酒をしたことがありますか．
  ア) はい，あります　　イ) いいえ，ありません
- 質問項目2：あなたは飲酒をしたことがありますか．
  ア) いいえ，ありません　　イ) はい，あります

(2) 各回答者が答える質問項目をサイコロ等を使って無作為に決める．
ただし，質問項目1が選ばれる確率を $\alpha(\neq 1/2)$ とする．

(3) 割り当てられた質問項目に対し，アまたはイで回答してもらう．

どちらの質問項目が選ばれたのか他人にはわからないため，各回答者における飲酒経験の有無も秘匿される．

無作為化回答法の理論を見ていく．

質問1を選択する確率を α とすると質問2を選択する確率は $1-\alpha$ となる．全体において飲酒をする確率を p とし，全体の回答数を n，質問1と質問2合わせた回答アの回答数を m とすると，表5.7の分割表を得る．

表5.7　分割表

期待値	回答ア	回答イ	合計
質問1	$n\alpha p$	$n\alpha(1-p)$	$n\alpha$
質問2	$n(1-\alpha)(1-p)$	$n(1-\alpha)p$	$n(1-\alpha)$
合計	m	$n-m$	n

[1] 詳しくは，土屋隆裕 (2009),『概説標本調査法』，朝倉書店を参照せよ．

求めたい確率 p の推定値 $\hat{p}$ は以下のように求める．回答アに注目すると，全体での回答アの選択率 $\hat{q}$ は

$$m = n\alpha p + n(1-\alpha)(1-p) \quad \Longrightarrow \quad \hat{q} := \frac{m}{n} = \alpha p + (1-\alpha)(1-p)$$

となる．仮定より $\alpha \neq 1/2$ なので, 求めたい「飲酒した」割合 $\hat{p}$ は, $\min(1-\alpha, \alpha) < \hat{q} < \max(1-\alpha, \alpha)$ という条件下で，推定値

$$\hat{p} = \frac{\alpha - 1 + \hat{q}}{2\alpha - 1} = \frac{\alpha - 1 + \frac{m}{n}}{2\alpha - 1}$$

が求められる．

例 5.2　全体の標本数を n として，全体として選択肢アを選んだ回答数を X とするとそれは二項分布に従う，すなわち $X \sim B(n, q)$ なので，推定量 $\hat{q} = X/n$ の期待値と分散は

$$E(\hat{q}) = \frac{E(X)}{n} = \frac{nq}{n} = q,$$
$$V(\hat{q}) = \frac{V(X)}{n^2} = \frac{nq(1-q)}{n^2} = \frac{q(1-q)}{n}$$

となる．ただし，$q = \alpha p + (1-\alpha)(1-p)$ である．一方，推定量 $\hat{p}$ の期待値と分散は

$$E(\hat{p}) = \frac{\alpha - 1 + E(\hat{q})}{2\alpha - 1} = p,$$
$$V(\hat{p}) = \frac{V(\hat{q})}{(2\alpha - 1)^2} = \frac{1}{n}\left[p(1-p) + \frac{\alpha(1-\alpha)}{(2\alpha-1)^2}\right]$$

となる．$V(\hat{p})$ の右辺第 1 項は直接質問法を用いたときの分散で，右辺第 2 項は無作為化回答法を用いたことによる分散の増加分である．このことを実感するために以下のシミュレーションを見てみる．

参考 5.1 シミュレーションのアルゴリズム

1 回のシミュレーションにおけるループは以下の通り：

(1) $X \sim B(n,p)$ による乱数発生を n 回行う：$x_1, x_2, \ldots, x_n$
(2) 単純な平均を $p_i = \sum_{i=1}^{n} x_i/n$ で求める
(3) 無作為化回答法による推定値を $\hat{q}_i = m/n$ で求める
(4) 求めたい推定値を $\hat{p}_i = (\alpha - 1 + \hat{q})/(2\alpha - 1)$ で求める

このループでの計算を B 回行う.

図 5.1 の各図は，$(p_i, \hat{q}_i, \hat{p}_i)$ $(i = 1, \ldots, B)$ のボックスプロットである.

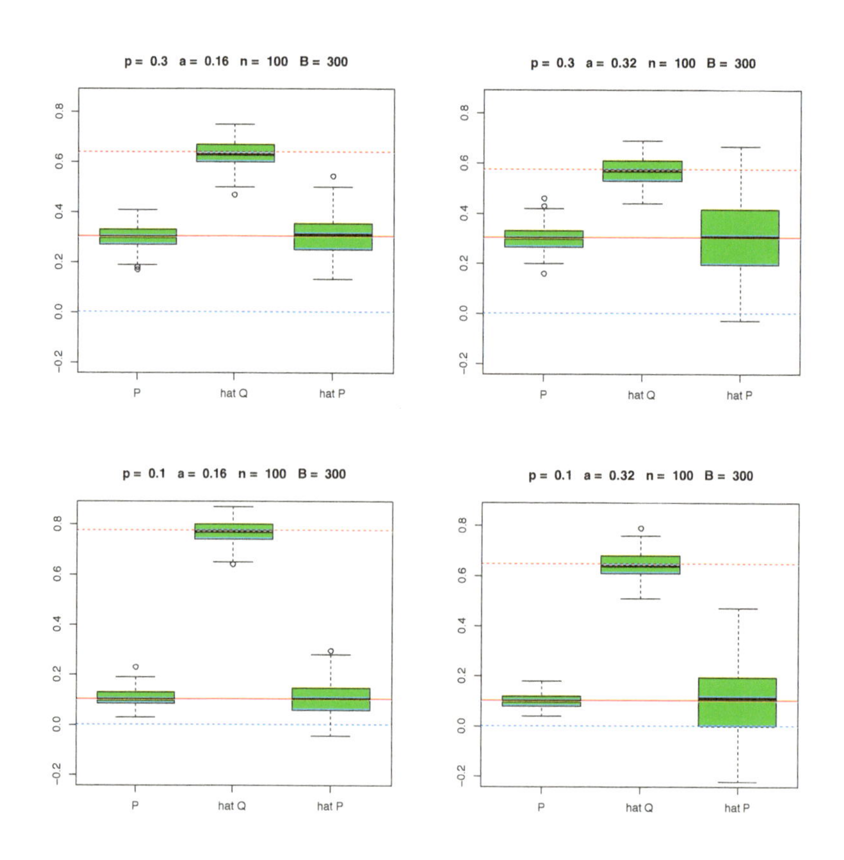

図 5.1 無作為化回答法のシミュレーション. n: 標本数，B: シミュレーション回数

真の確率 p と無作為化における確率 α の組合せ

$$\begin{pmatrix} p \\ \alpha \end{pmatrix} = \begin{pmatrix} 0.3 \\ 0.16 \end{pmatrix}, \begin{pmatrix} 0.3 \\ 0.32 \end{pmatrix}, \begin{pmatrix} 0.1 \\ 0.16 \end{pmatrix}, \begin{pmatrix} 0.1 \\ 0.32 \end{pmatrix}$$

に対するシミュレーション結果から，p と推定値 $\hat{p}$ の散らばりにおいて，中央値としてはほぼ同じ値が出ているが，先ほど理論で見たように α の値が大きくなるにつれて $\hat{p}$ の散らばりがかなり大きくなっていることがわかる．特に，$\hat{p}$ の値が負の値となる可能性もあるので，実際の運用には注意が必要ではあるが，何回か行って得られる中央値に関しては，ほぼ妥当な結果を得ることが可能なことがこのシミュレーション結果からいえるであろう．

練習問題の解答例

1.1 仮に主催者発表の 11 万人が参加者数として正しいとし，会場に入りきれなかった人を 1 万人と仮定すると，集会が開かれた海浜公園の多目的広場内の参加者数は 10 万人．その会場の面積が約 $25000\mathrm{m}^2$ なので，

$$\frac{110000-10000\ (\text{人})}{25000\ (\mathrm{m}^2)} = \frac{100}{25} = 4\ \text{人}/\mathrm{m}^2,$$

もしくは $0.25\ \mathrm{m}^2/$人となる．この数字の妥当性を検討するために，3 種類の関連データを利用する．

1. 住宅用エレベーター JIS (日本工業規格) によるカゴの寸法 (住宅用) JIS A 4301-1983 において，9 人乗り乗用 R-9-2S では，積載荷重が 600 kg で，カゴの内のり寸法は，1050 × 1520 × 2200 mm であるから，エレベーターに定員一杯に乗っている状態での，1 平方メートルあたりの人数と 1 人あたりの面積を最大定員 9 人の場合に求めると以下のようになる．

$$\frac{9}{1.05\times 1.52} = 5.64\ \text{人}/\mathrm{m}^2, \quad \frac{1.05\times 1.52}{9} = 0.18\ \mathrm{m}^2/\text{人}.$$

2. 大相撲における升席が 1.5 m の正方形に 4 人でかなり窮屈で，1.78 人$/\mathrm{m}^2$ ($0.56\ \mathrm{m}^2/$人).
3. 『座って半畳，寝て 1 畳』という基準を用いると，2 畳＝ 1 坪が $3.3\mathrm{m}^2$ より，$3.3/4 = 0.83\ \mathrm{m}^2$ がゆったりと 1 人の座った面積なので，$0.83\ \mathrm{m}^2/$人 (1.21 人$/\mathrm{m}^2$).

よって，もし本当に多目的広場約 $25000\ \mathrm{m}^2$ に 10 万人がいたとすると，エレベーターの JIS 規格での数値から全員が立っておりそこそこ触れ合う程度の込み具合という基準で参加者を推定すると，

$$\frac{25000}{0.18} = 138889\ \text{人}$$

となるが，強制的に広場に押し込められない限りこの状況は普通ではあり得ないし，推定された人数にしても主催者発表の 11 万人を優に超えているので，この計算はあり得ないことがわかる．

仮に座っていたとして，もし升席状態で座るとすると，参加者の推定は

$$\frac{25000}{0.56} = 44643\ \text{人}$$

となるが，小学校の運動会のように近親者が集まり狭い場所を分け合う状態よりも窮屈な状況の下で 4.5 万人，会場に入りきれなかったと見積もられた 1 万人を加えると 5.5 万人となり，警察発表の数字よりやや多くなっている．

もし，すべての人が半畳分の面積で座っていたと仮定すると，参加者の推定は

$$\frac{25000}{0.83} = 30120 \text{ 人}$$

で 3 万人程となる．そこに，会場に入りきれなかったと見積もられた 1 万人を加えても，4 万人程度の参加者となり，警察による 4 万人強とほぼ一致する．

(追加資料) 2007 年 10 月 7 日の産経新聞の記事には，

『大会事務局幹事の平良長政県議 (社民党) は, 算出方法について,「一人一人をカウンターで計算しているわけではない. 同じ場所で開かれた 12 年前の米兵による少女暴行事件の集会参加者数 8 万 5 千人 (主催者発表) を基本にした. 当時に比べ, 会場周辺への人の広がりは相当なものだった」と語り, 主に日米地位協定の見直しを求めた平成 7 年の県民大会の写真と比べながら, 算出したと明かした. また, 参加者を大量動員した連合沖縄は「自治労沖縄県本部や連合沖縄から応援を出し, 10 人ぐらいで会場周囲を歩いて, 入り具合をチェックした」(幹部) としている. 』と記載されている.

1.2 大学入試センターのリスニングテストに関して，機器の製造等に起因する不具合の台数は，平成 20 年度が 15 台，平成 21 年度が 11 台，平成 22 年度が 18 台であったので，その平均値を求めると

$$\frac{15+11+18}{3} \doteqdot 14.67$$

となる．毎年 50 万台の製造に対して，不具合の平均台数が約 15 台であるので，不具合の平均出現率は

$$\frac{15}{500000} = \frac{3}{100000} = 0.003\%$$

となり，非常に稀ではあるがこの出現率は 0 ではない．また，この 3 年間でいえば，不具合台数は最低でも 11 台あったこともわかる．以上のことから，よほどの幸運がない限り，50 万台も製造しておいて機器の不具合を 0 台とすることは非常に難しいのではないか，と思われる．

後の章末問題において，確率分布のポアソン分布を仮定した上での検討を再び行う．

1.3 平成 30 年度における NHK と海上保安庁の人件費に関するデータではあるが，まず，業種の違う 2 つの団体の人件費を比較する意味があるのか，という疑問が生じる．確かにトヨタと NTT の人件費を比較する意味はあまりないであろうが，しかし，NHK は国会で予算の承認を経なければならない団体であり，TV 装置を持つ全国民から受信料を徴収している．また，海上保安庁は国の機関であり予算による措置ですべてが決まっているため，人件費に関してもほぼ自由度はない．以上の観点から，

1. NHK の人件費が高いのか低いのか，もしくは妥当か，
2. 海上保安庁の人件費が高いのか低いのか，もしくは妥当か，

という分割表を考えた場合，どこのセルが合理的といえるであろうか，という観点で検討してみる．

表 A.1

人件費の比較 (単純平均給与)		NHK		
		低い	妥当	高い
海上保安庁	低い			
	妥当			
	高い			

ここで，厚生労働省『労働経済の分析』(平成 24 年版)[1] における職種別に見た年収データによれば，多くの職種で 300〜500 万円が年収水準となり，全体の 69% にあたる．900 万円を越す高年収は，医師 (1169.21 万円)，大学教授 (1112.03 万円)，記者 (931.46 万円)，航空機操縦士 (1198.84 万円) の 4 業種のみであった (図 A.1)．データのサマリー[2] は以下の通り．

```
   Min. 1st Qu.  Median    Mean 3rd Qu.    Max.
  194.5   339.7   387.3   430.5   461.1  1198.8
```

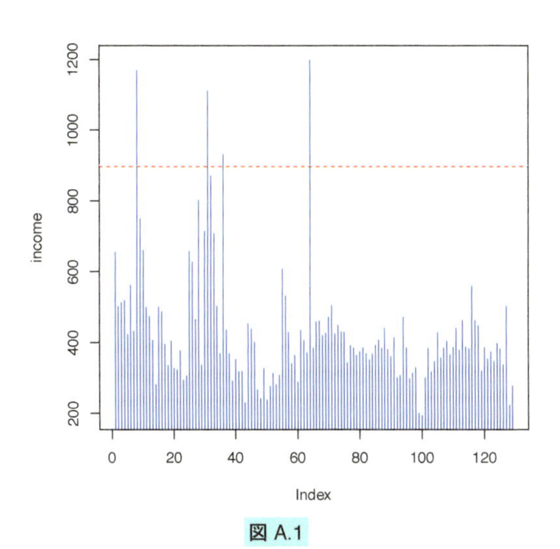

図 A.1

[1] https://www.mhlw.go.jp/wp/hakusyo/roudou/12/
本文図表基礎資料 第 2 章 第 2-(2)-24 図参照.

[2] 本川裕 Honkawa Data Tribune 社会実情データ図録「職種別の年収とその変化」
https://honkawa2.sakura.ne.jp/3326.html

このデータはあくまで年収であり，退職手当等の含み分がないので，先の NHK や海上保安庁における単純平均給与よりも当然低いものとなっているので，単純に比較はできない．しかし，比較のために考えてみると，海上保安庁の単純平均給与 720 万円は，職種別平均年収 430.5 万円の約 1.7 倍，NHK の平均給与 1606 万円は，職種別平均年収の約 3.7 倍となっている.[3] よって，平均年収の基準から見ても，NHK の単純平均給与は海上保安庁の単純平均給与の 2 倍以上となっている．

また，海上保安庁が管轄する領海は，国土面積 (約 38 万 km^2) 以上の約 43 万 km^2 と非常に広い上，最近の尖閣諸島における領海警備などの現場が非常に危険であることは明らかであろう．ゆえに，先の分割表において

表 A.2

人件費の比較 (単純平均給与)		NHK 低い	NHK 妥当	NHK 高い
海上保安庁	低い			◎
	妥当			○
	高い			

となりそうであるが，読者はいかがであろうか．

参考 A.1 (発展) 今回はあえて NHK と海上保安庁における人件費の単純平均値を検討したが， NHK は放送業界内での比較を，海上保安庁は警察，消防，自衛隊などとの比較を，各自実行し検討してみよ．

1.4 表のデータを元に年齢層別に見てみる．

1. 各新聞社ごとに，データの最小値と最大値を元に縦軸を区間 $[4, 6]$ で作成した年齢層別の評価を結んだグラフは，以下の図 A.2 のようになる．
2. 尺度 0 から 10 を元に縦軸を区間 $[0, 10]$ に合わせたグラフは，以下の図 A.3 のようになる．
3. 2 つのグラフを比較してみると，朝日新聞の調査結果で，年代が上がるにつれて革新色が強くなっていることが，図 A.2 では強調されて見えるのに対して，図 A.3 ではそれほど強調されなくなっている．ゆえに，図から得られるイメージの違いから，革新色が強くなっていることを強調するときには図 A.2 を，革新色が強くなっていることを弱めるときには図 A.3 を使うことになろう．

ちなみに，この結果が発表された翌年以降，新聞通信調査会の調査項目から新

[3] なお，NHK の単純平均給与は，職種別平均年収の高年収との比較でも，医師の 1.4 倍，大学教授の 1.4 倍，記者の 1.7 倍，航空機操縦士の 1.3 倍となっている．

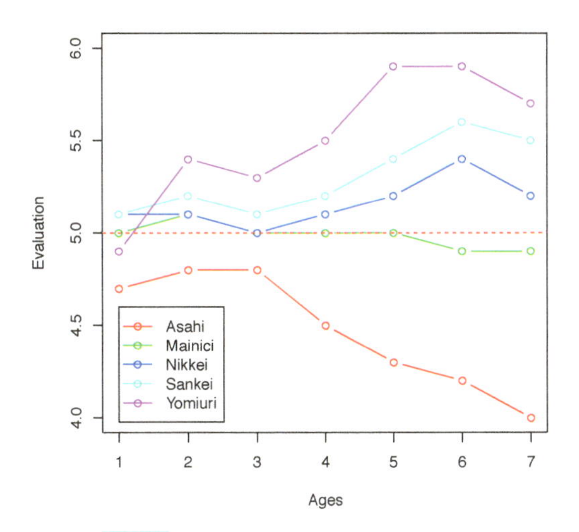

図 A.2　年齢層別における新聞社のイメージ

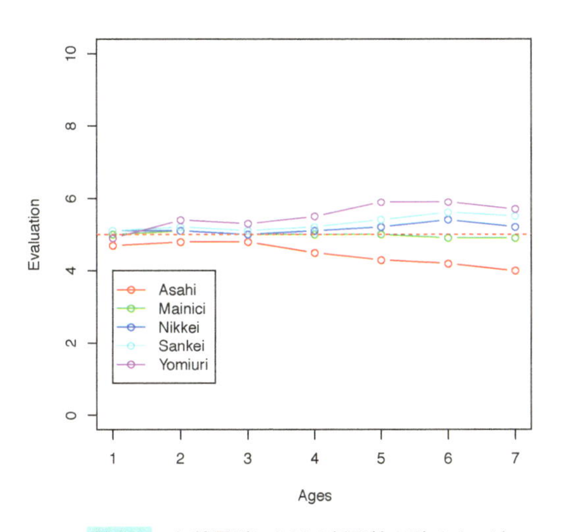

図 A.3　年齢層別における新聞社の別イメージ

聞社のイメージ項目が外されている．

参考 A.2 (発展) 朝日新聞のイメージ結果において，年齢層が上がるにつれて朝日新聞の革新性が強くなる理由を，各自検討してみよ．

2.1 どの人も誕生日がどの日になるかは等確率であるという仮定の下で，クラスが n 人だとすると，誕生日が全員異なる確率は

$$P = \frac{364}{365}\frac{363}{365}\cdots\frac{365-(n-1)}{365} = \prod_{i=1}^{n-1}\frac{365-i}{365}$$

となるので，少なくとも 2 人が同じ誕生日となる確率は

$$1-P = 1-\prod_{i=1}^{n-1}\frac{365-i}{365}.$$

として計算することができる (図 A.4).

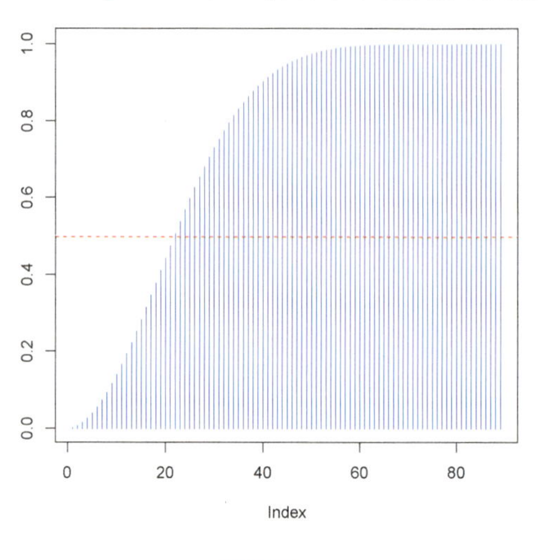

図 A.4

ゆえに，クラスに 23 人か 24 人いれば，同じ誕生日の人が 2 人いる確率が 50%となる.

2.2 検査数と異常率により「健常者」でなくなる確率は

表 A.3

検査数	異常率 5%	異常率 10%	異常率 20%
5	22.6%	41%	67.2%
10	40.1%	65.1%	89.3%
20	64.2%	87.8%	98.8%
30	78.5%	95.8%	99.9%
40	87.1%	98.5%	100%
50	92.3%	99.5%	100%
100	99.4%	100%	100%

となる．

$$\text{「健常者」でない確率} \ := \ 1-(1-\alpha)^n$$

において，検査数が 60 でその確率が 8.4% となることから逆算すると

$$1-(1-\alpha)^{60} \ = \ 1-0.084 \implies \alpha \ = \ 1-\exp(\log(0.084)/60) \ = \ 4.04\%$$

となることがわかる (図 A.5).

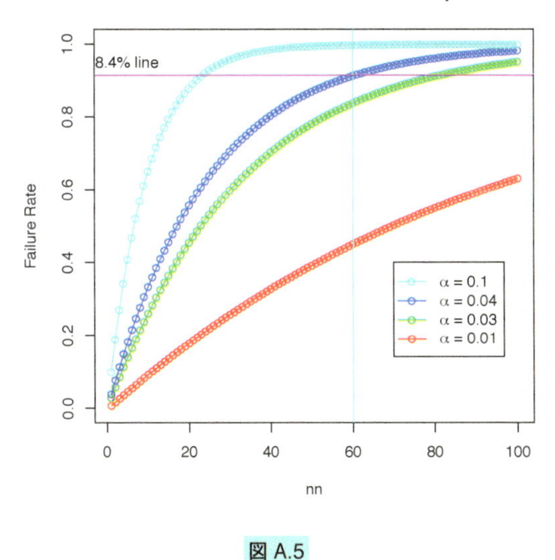

図 A.5

それぞれの検査のミスが独立に 4% だとすれば，人間ドックで 60 項目も検査をす

れば，たとえ問題のない人でも 91.6%の人が「健常者」でなくなる，すなわち，8.4%の人が「健常者」となるのである．

2.3 事象 $A = \{11, 12, \ldots, 20\}$ に対して，

1. 事象 A と排反な事象の例は

$$B = \{21, 22\},\ \{91, 92, \ldots, 100\}.$$

2. 事象 A と独立な事象 B で $P(A \cap B) = 1/100$ となる B の例は

$$B = \{20, 21, \ldots, 29\}.$$

3. 事象 A と独立な事象 B で $P(A \cap B) = 1/50$ となる B の例は

$$B = \{19, 20, 21, \ldots, 38\}.$$

4. 事象 A と独立でなく排反でもない事象の例は

$$B = \{19, 20, 21\},\ \{20, \ldots, 100\}.$$

2.4 問題と同様な分割表を求めると，

表 A.4

平均値	陽性 (B)	陰性 (B^c)	合計
感染 (A)	90	10	100
非感染 (A^c)	990	8,910	9,900
合計	1,080	8,920	10,000

であるので，陽性である人の中で感染している確率は

$$P(A \mid B) = \frac{P(A \cap B)}{P(B)} = \frac{90}{1080} \doteqdot 0.083$$

となる．

2.5 全事象 $\Omega = A_1 \cup A_2 \cup A_3 \cup A_4$ における互いに排反な事象 $A_i (i = 1, 2, 3, 4)$ の事前確率が

$$P(A_1) = \frac{1}{2},\quad P(A_2) = \frac{1}{3},\quad P(A_3) = \frac{1}{12},\quad P(A_3) = \frac{1}{12}$$

であり，事象 A の確率を $P(A) = \frac{1}{6}$ としたとき，事象の交わり $A_i \cap A$ の確率を定めると，例えば

$$P(A_1 \cap A) = \frac{4}{60}, \quad P(A_2 \cap A) = \frac{3}{60}, \quad P(A_3 \cap A) = \frac{2}{60}, \quad P(A_4 \cap A) = \frac{1}{60}$$

とすると，事後確率はそれぞれ

$$P(A_1 \mid A) = \frac{4}{10}, \quad P(A_2 \mid A) = \frac{3}{10}, \quad P(A_3 \mid A) = \frac{2}{10}, \quad P(A_4 \mid A) = \frac{1}{10}$$

となる．

2.6 3 つの事象の関係図

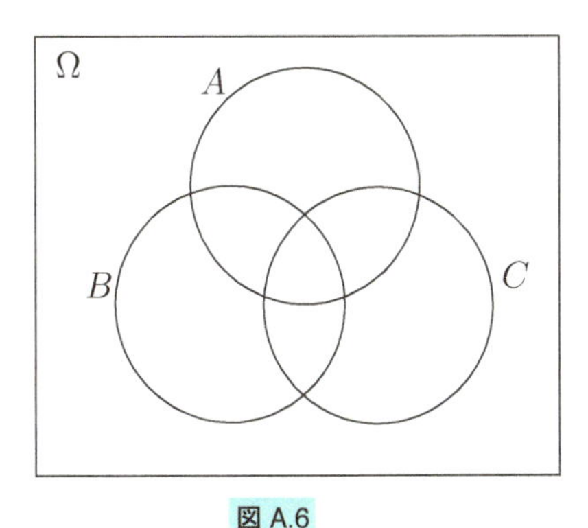

図 A.6

において，和事象 $A \cup B \cup C$ を排反事象に分解すると

$$\begin{aligned} A \cup B \cup C = &(A \cap B \cap C) \cup (A \cap B^c \cap C) \cup (A^c \cap B \cap C) \cup (A \cap B \cap C^c) \\ &\cup (A \cap B^c \cap C^c) \cup (A^c \cap B \cap C^c) \cup (A^c \cap B^c \cap C) \end{aligned}$$

であり，事象 A, B, C を排反事象に分解すると

$$\begin{aligned} A &= (A \cap B^c \cap C) \cup (A \cap B \cap C^c) \cup (A \cap B^c \cap C^c) \cup (A \cap B \cap C), \\ B &= (A \cap B \cap C^c) \cup (A^c \cap B \cap C) \cup (A^c \cap B \cap C^c) \cup (A \cap B \cap C), \\ C &= (A \cap B^c \cap C) \cup (A^c \cap B \cap C) \cup (A^c \cap B^c \cap C) \cup (A \cap B \cap C) \end{aligned}$$

であるので，その確率は以下の通り：

$$\begin{aligned} &P(A \cup B \cup C) \\ &\quad = P(A \cap B \cap C) + P(A \cap B^c \cap C) + P(A^c \cap B \cap C) + P(A \cap B \cap C^c) \\ &\qquad + P(A \cap B^c \cap C^c) + P(A^c \cap B \cap C^c) + (A^c \cap B^c \cap C), \\ P(A) &= P(A \cap B^c \cap C) + P(A \cap B \cap C^c) + P(A \cap B^c \cap C^c) + P(A \cap B \cap C), \\ P(B) &= P(A \cap B \cap C^c) + P(A^c \cap B \cap C) + P(A^c \cap B \cap C^c) + P(A \cap B \cap C), \end{aligned}$$

$$P(C) = P(A \cap B^c \cap C) + P(A^c \cap B \cap C) + P(A^c \cap B^c \cap C) + P(A \cap B \cap C).$$

ゆえに，$P(A)$ の等式から

$$P(A \cap B^c \cap C^c) = P(A) - P(A \cap B^c \cap C) - P(A \cap B \cap C^c) - P(A \cap B \cap C)$$

$P(B)$ の等式から

$$P(A^c \cap B \cap C^c) = P(B) - P(A^c \cap B \cap C) - P(A \cap B \cap C^c) - P(A \cap B \cap C)$$

$P(C)$ の等式から

$$P(A^c \cap B^c \cap C) = P(C) - P(A^c \cap B \cap C) - P(A \cap B^c \cap C) - P(A \cap B \cap C)$$

を第 1 式の右辺に代入すると

$$\begin{aligned}
&P(A \cup B \cup C) \\
&= P(A \cap B \cap C) + P(A \cap B^c \cap C) + P(A^c \cap B \cap C) + P(A \cap B \cap C^c) \\
&\quad + P(A \cap B^c \cap C^c) + P(A^c \cap B \cap C^c) + (A^c \cap B^c \cap C), \\
&= P(A \cap B \cap C) + P(A \cap B^c \cap C) + P(A^c \cap B \cap C) + P(A \cap B \cap C^c) \\
&\quad + P(A) - P(A \cap B^c \cap C) - P(A \cap B \cap C^c) - P(A \cap B \cap C) \\
&\quad + P(B) - P(A^c \cap B \cap C) - P(A \cap B \cap C^c) - P(A \cap B \cap C) \\
&\quad + P(C) - P(A^c \cap B \cap C) - P(A \cap B^c \cap C) - P(A \cap B \cap C) \\
&= P(A) + P(B) + P(C) + P(A \cap B \cap C) \\
&\quad - P(A \cap B^c \cap C) - P(A^c \cap B \cap C) - P(A \cap B \cap C^c) - 3P(A \cap B \cap C) \\
&= P(A) + P(B) + P(C) + P(A \cap B \cap C) \\
&\quad - (P(A \cap B^c \cap C) + P(A \cap B \cap C)) \\
&\quad - (P(A^c \cap B \cap C) + P(A \cap B \cap C)) \\
&\quad - (P(A \cap B \cap C^c) + P(A \cap B \cap C)) \\
&= P(A) + P(B) + P(C) + P(A \cap B \cap C) - P(A \cap C) - P(B \cap C) - P(A \cap B)
\end{aligned}$$

を得る [4]．

3.1 この処理は統計処理としては間違いである．各階級における階級値という度数分布表の考え方からいえば，S は 90 点から 100 点なので，その階級値は 95 点，A は 80 点から 89 点なので，その階級値は 84.5 点，B は 70 点から 79 点なので，その階級値は 74.5 点，C は 60 点から 69 点なので，その階級値は 64.5 点，となる．ゆえにこの度数分布表における総合評価は

[4] この解答例は，排反事象に基づいてあえて愚直に計算したものである．

$$P((A \cup B) \cup C) = P(A \cup B) + P(C) - P((A \cup B) \cap C)$$

なる変形から計算すると，もっと簡単に計算することができる．

$$\text{総合評価} \ = \ \frac{95 \times \#\text{S} + 84.5 \times \#\text{A} + 74.5 \times \#\text{B} + 64.5 \times \#\text{C}}{\text{取得単位の個数}}$$

とすべきであった．ただし，#S などは S で取得した単位数とする．

3.2 データ $x_1, \ldots, x_n$ に対して，標本平均は $\bar{x}$ で標本分散は s_x^2 であるので，データの標準化は

$$z_i \ = \ \frac{x_i - \bar{x}}{s_x}$$

となるので，この値を 10 倍して 50 を加えたもの

$$50 + 10\, z_i$$

が偏差値となる．

3.3 度数分布表においては，階級値 $\{c_i\}$ がデータの値そのものとなり，度数 f_i がその階級値の個数であることに注意すれば，度数分布表における標本平均は

$$\bar{x}_f \ = \ \frac{1}{n}\sum_{i=1}^{k} c_i\, f_i$$

となり，標本分散も

$$s_f^2 \ = \ \frac{1}{n}\sum_{i=1}^{k} (c_i - \bar{x}_f)^2\, f_i$$

と求まる．

3.4 度数分布表での階級値は，その階級における境界値の上限と下限の平均値であるから，第 i 番目の階級に所属する f_i 個のデータを $\{x_{i1}, \ldots, x_{if_i}\}$ とし，その階級幅を $2\delta\ (>0)$ とすれば，元のデータの和と度数分布表からの和との差は，

$$\left|\sum_{i=1}^{k}\{(x_{i1} + \cdots + x_{if_i}) - c_i f_i\}\right| \ \le \ \sum_{i=1}^{k}\sum_{j=1}^{f_i}|x_{ij} - c_i| \ \le \ \delta\sum_{i=1}^{k} f_i \ = \ n\,\delta$$

で抑えられているので，平均値の差の絶対誤差は，最大で δ しかないことがわかる．

3.5 通常の標本分散の定義において，データから標本平均を引くのではなく，重み付き平均を引いて 2 乗したものが

$$s_w^2 \ = \ \frac{1}{n}\sum_{i=1}^{n}(x_i - \bar{x}_w)^2$$

である．この式を変形すると

$$\sum_{i=1}^{n}(x_i - \bar{x}_w)^2 \ = \ \sum_{i=1}^{n}(x_i - \bar{x} + \bar{x} - \bar{x}_w)^2$$

$$= \sum_{i=1}^{n}(x_i - \bar{x})^2 + 2\sum_{i=1}^{n}(x_i - \bar{x})(\bar{x} - \bar{x}_w) + \sum_{i=1}^{n}(\bar{x} - \bar{x}_w)^2$$

であるが，第 2 項は

$$2\sum_{i=1}^{n}(x_i - \bar{x})(\bar{x} - \bar{x}_w) = 2(\bar{x} - \bar{x}_w)\sum_{i=1}^{n}(x_i - \bar{x}) = 0$$

であるので，

$$\sum_{i=1}^{n}(x_i - \bar{x}_w)^2 = \sum_{i=1}^{n}(x_i - \bar{x})^2 + \sum_{i=1}^{n}(\bar{x} - \bar{x}_w)^2 \geq \sum_{i=1}^{n}(x_i - \bar{x})^2$$

となることから，重み付き平均を用いた場合の分散は通常の標本分散より大きいことがわかる．等号成立は $\bar{x} = \bar{x}_w$ のときである．

3.6

$$f(\alpha) = \sum_{i=1}^{n}(x_i - \alpha)^2$$

において，α で微分してみると，

$$f'(\alpha) = -2\sum_{i=1}^{n}(x_i - \alpha)$$

であるから，$f(\alpha)$ の連続性と微分係数の正負により，$f(\alpha)$ を最小にする α は

$$\alpha = \frac{1}{n}\sum_{i=1}^{n}x_i$$

となるので，求める答えは標本平均である．このことから，データからある値を引いて 2 乗したものの和を最小にするように標本分散が定義されている，とみなすこともできるのである．

(別解) $f(a)$ を a について平方完成すると

$$\begin{aligned} f(a) &= \sum_{i=1}^{n}(x_i - \alpha)^2 = n\alpha^2 - 2\alpha\sum_{i=1}^{n}x_i + \sum_{i=1}^{n}x_i^2 \\ &= n(\alpha - \bar{x})^2 - n(\bar{x})^2 + \sum_{i=1}^{n}x_i^2 \geq \sum_{i=1}^{n}x_i^2 - n(\bar{x})^2 = ns_x^2 \end{aligned}$$

となり，$a = \bar{x}$ のとき $f(a)$ は最小となる．

3.7

$$g(\beta) = \sum_{i=1}^{n}|x_i - \beta| = \sum_{x_i > \beta}(x_i - \beta) + \sum_{x_i < \beta}(\beta - x_i)$$

において，β で微分してみると，

$$g'(\beta) \ = \ -\#\{x_i > \beta\} + \#\{x_i < \beta\}$$

であるから，$g(\beta)$ の連続性と微分係数の正負により，$g(\beta)$ を最小にする β は順序統計量を用いれば

$$\beta \ = \ M_e \ = \ \begin{cases} x_{(\frac{n+1}{2})}, & n \text{ が奇数}, \\ x_{(\frac{n}{2})} \text{ と } x_{(\frac{n}{2}+1)} \text{ の間の任意の値}, & n \text{ が偶数}, \end{cases}$$

となるので，求める答えは中央値である．このことから，データからある値を引いた絶対値和を最小にするものは，平均偏差でないことがわかる．

3.8 度数分布表の作成手順に従って作成していく．

```
 5 | 1
 6 | 0578
 7 | 8889
 8 | 133467788899
 9 | 001478899
10 | 0025578
11 | 00223369
12 | 348
13 | 14
```

1. データの範囲は $R = 134 - 51 = 83$ である．
2. スタージェスの公式より，階級数 k は $k = 1 + \log_2(n) \approx 6.6$ なので，階級数を 7 とする．
3. 階級の幅を切り上げて

$$w \ = \ \frac{R}{k} \ = \ \frac{83}{7} \ \doteq \ 11.9 \ \approx \ 12$$

とする．この場合 $wk > R$ が確かめられる．
4. 境界値の a_0 を $a_0 = 51 - 1/2 = 50.5$ とすると，$a_k = a_0 + w\,k = 134.5$ となり，確かに最大値 134 よりも大きくなっている．
5. 階級値は境界値の平均より `[1] 56.5 68.5 80.5 92.5 104.5 116.5 128.5` となる．ただし，左端の [1] は無視してよい．
6. 以上の結果から求める度数分布表は以下の通り．`cc2` は階級値で，`ff2` は度数で，左端の [1,], [2,] などは無視してよい．

```
       cc2 ff2
[1,]  56.5   2
[2,]  68.5   3
[3,]  80.5   9
[4,]  92.5  14
[5,] 104.5  11
```

```
[6,] 116.5   6
[7,] 128.5   5
```

3.9 解答は以下の通りであるが，数値の桁は小数点 2 桁にしている．

1. 平均は $\bar{x} = 11$ となり，　標本分散は $s_x^2 \doteqdot 11.67$ となる．
2. 標準偏差は $s_y \doteqdot 9.75$ となる．
3. 共分散は $s_{xy} = 32$ となる．
4. y の x への回帰直線の式は

$$y \doteqdot -9.17 + 2.74\,x$$

となる (図 A.7).

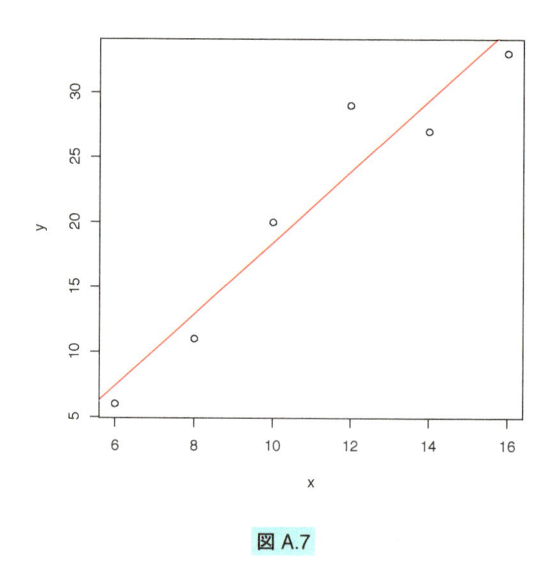

図 A.7

4.1 大学入試センターのリスニングテストに関して，機器の製造等に起因する不具合の台数は，平成 20 年度が 15 台，平成 21 年度が 11 台，平成 22 年度が 18 台であったので，その平均値を求めると

$$\frac{15 + 11 + 18}{3} \doteqdot 14.67$$

となる．統計的推測の観点からこの平均値が推定値として使えることがわかるので，機器の不具合 A の台数がポアソン分布 $Po(\lambda)$ に従うとして，パラメータ λ の推定

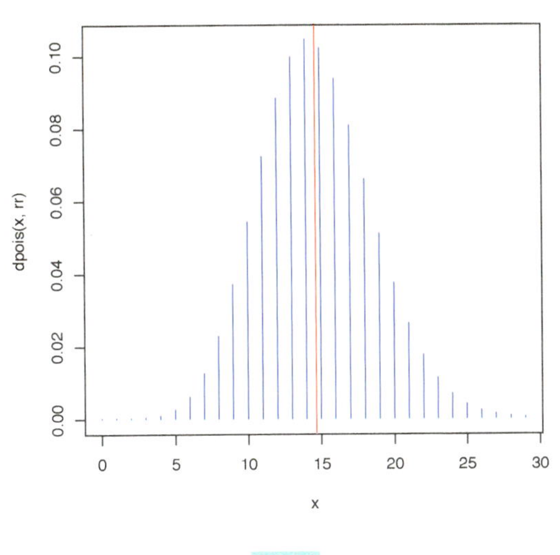

図 A.8

値を $\hat{\lambda} = 14.67$ とすると，その確率関数は図 A.8 のような図となる．

このとき，不具合が 0 となる確率は

$$P(x = 0) \;=\; 4.26 \times 10^{-7}$$

となるので，235 万分の 1 程度とわかる．ゆえに，不具合 A の台数が 0 となることは滅多と起きない稀な事象であるといえる．

4.2 二項分布 $B(n, \lambda/n)$ の確率関数は，k を固定して

$$\begin{aligned}
P(X = k) &= \binom{n}{k}\left(\frac{\lambda}{n}\right)^{k}\left(1 - \frac{\lambda}{n}\right)^{n-k} \\
&= \frac{n(n-1)(n-2)\cdots(n-k+1)}{k!}\,\frac{\lambda^k}{n^k}\left(1 - \frac{\lambda}{n}\right)^{n} \Big/ \left(1 - \frac{\lambda}{n}\right)^{k} \\
&= \frac{\lambda^k}{k!}\left(1 - \frac{\lambda}{n}\right)^{n}\frac{n(n-1)(n-2)\cdots(n-k+1)}{n^k} \Big/ \left(1 - \frac{\lambda}{n}\right)^{k} \\
&= \frac{\lambda^k}{k!}\left(1 - \frac{\lambda}{n}\right)^{n}\left(1 - \frac{1}{n}\right)\left(1 - \frac{2}{n}\right)\cdots\left(1 - \frac{k-1}{n}\right) \Big/ \left(1 - \frac{\lambda}{n}\right)^{k}
\end{aligned}$$

となるので，指数関数の性質から

$$\lim_{n\to\infty}\left(1 - \frac{\lambda}{n}\right)^{n} \;=\; \lim_{n\to\infty}\left(1 + \frac{(-\lambda)}{n}\right)^{n} \;=\; e^{-\lambda}$$

となり，

$$\lim_{n\to\infty}\left(1-\frac{1}{n}\right)\left(1-\frac{2}{n}\right)\cdots\left(1-\frac{k-1}{n}\right)\Big/\left(1-\frac{\lambda}{n}\right)^{k} = 1$$

となることから，

$$P(X=k) \to \frac{\lambda^k}{k!}e^{-\lambda} \qquad (n\to\infty)$$

を得る．ゆえに，ポアソン分布は $B(n,p)$ において $np=\lambda$ という条件の元で n を限りなく大きくした極限分布であるといえる．

4.3

1. 幾何分布の確率関数の総和は

$$\sum_{k=1}^{\infty}P(X=k) = \sum_{k=1}^{\infty}p(1-p)^{k-1} = p\lim_{n\to\infty}\frac{1-(1-p)^n}{1-(1-p)} = 1$$

となる．

2. 期待値の計算は通常確率母関数 $E(t^X)$ を利用する [5] のであるが，ここではテイラー展開による基本的な公式

$$\frac{1}{1-x} = \sum_{k=0}^{\infty}x^k \quad (|x|<1)$$

を利用する．この場合，収束半径内の $|x|<1$ においては項別に何回でも x で微分可能で，例えば

$$\frac{1}{(1-x)^2} = \sum_{k=1}^{\infty}k\,x^{k-1} \quad (|x|<1) \tag{0.1}$$

となる．よって，期待値は

$$E(X) = \sum_{k=1}^{\infty}k\,p\,(1-p)^{k-1} = p\frac{1}{(1-(1-p))^2} = \frac{1}{p}$$

となる．

3. 分散において，先の微分 (0.1) を再度 x で微分すると

$$\frac{2}{(1-x)^3} = \sum_{k=2}^{\infty}k(k-1)\,x^{k-2} \quad (|x|<1)$$

であるから，分散は

$$V(X) = E(X(X-1)) + E(X) - (E(X))^2$$

[5] 確率母関数は，このテキストでは扱わないので，シリーズの成書を参照せよ．

$$
\begin{aligned}
&= \sum_{k=1}^{\infty} k(k-1)\, p\, (1-p)^{k-1} + \frac{1}{p} - \frac{1}{p^2} \\
&= p(1-p) \sum_{k=2}^{\infty} k(k-1)\, (1-p)^{k-2} + \frac{1}{p} - \frac{1}{p^2} \\
&= p(1-p)\, \frac{2}{p^3} + \frac{1}{p} - \frac{1}{p^2} \;=\; \frac{1-p}{p^2}
\end{aligned}
$$

となる.

4.4 負の二項分布の総和を計算するために以下の等式を利用する.

$$
(1-x)^{-\beta} \;=\; \sum_{n=0}^{\infty} \binom{n+\beta-1}{n} x^n \quad (|x| < 1).
$$

1. $X = k$ となる確率関数は

$$
P(X=k) \;=\; \binom{r+k-1}{r-1} p^r (1-p)^k, \quad (k \geq 0)
$$

であるので,

$$
\begin{aligned}
\sum_{k=0}^{\infty} P(X=k) &= \sum_{k=0}^{\infty} \binom{r+k-1}{r-1} p^r (1-p)^k \\
&= p^r \sum_{k=0}^{\infty} \binom{r+k-1}{k} (1-p)^k \\
&= p^r\, (1-(1-p))^{-r} \;=\; p^r\, p^{-r} \;=\; 1
\end{aligned}
$$

を得る.

2. 期待値は

$$
\begin{aligned}
E(X) &= \sum_{k=0}^{\infty} k\, P(X=k) \\
&= p^r \sum_{k=0}^{\infty} k \binom{r+k-1}{r-1} (1-p)^k \\
&= p^r \left[\sum_{k=1}^{\infty} \frac{(r+k-1)!}{(r-1)!(k-1)!} (1-p)^{k-1} \right] (1-p) \\
&= p^r \left[\sum_{k=1}^{\infty} \frac{(r+1+(k-2))!}{r!(k-1)!} (1-p)^{k-1} \right] r(1-p) \\
&= p^r\, (1-(1-p))^{-(r+1)}\, r(1-p) \;=\; r(1-p)/p
\end{aligned}
$$

となる.

3. 確率変数 X の分散は

$$V(X) = E(X(X-1)) + E(X) - (E(X))^2$$

を使うことで求めると，期待値と同様にして

$$\begin{aligned}
E(X(X-1)) &= \sum_{k=0}^{\infty} k(k-1)\,P(X=k) \\
&= p^r \left[\sum_{k=2}^{\infty} \frac{(r+k-1)!}{(r-1)!(k-2)!} (1-p)^{k-2} \right] (1-p)^2 \\
&= p^r \left[\sum_{k=2}^{\infty} \frac{(r+2+(k-3))!}{(r+1)!(k-2)!} (1-p)^{k-2} \right] (r+1)r(1-p)^2 \\
&= p^r\,(1-(1-p))^{-(r+2)}\,(r+1)r(1-p)^2 \\
&= (r+1)r(1-p)^2/p^2
\end{aligned}$$

であるから，分散は

$$V(X) = (r+1)r(1-p)^2/p^2 + r(1-p)/p - (r(1-p)/p)^2 = \frac{r(1-p)}{p^2}$$

となる.

4.5

1. 恒等式

$$(a+b)^M = (a+b)^N\,(a+b)^{M-N}$$

の各項を二項展開すると，

$$\sum_{n=0}^{M} \binom{M}{n} a^n\,b^{M-n} = \sum_{x=0}^{N} \binom{N}{x} a^x\,b^{N-x} \sum_{y=0}^{M-N} \binom{M-N}{y} a^y\,b^{M-N-y}$$

であるから，$a^n\,b^{M-n}$ の項の係数を比較することで，$n = x+y$ として，

$$\binom{M}{n} = \sum_{k=0}^{n} \binom{N}{k} \binom{M-N}{n-k}$$

である．ただし，その他の範囲の整数において

$$\binom{N}{k} = 0 \qquad (k < 0,\ k > N)$$

であるから，実際の和においては，$M - N \geq n - k$ と $N \geq k$ という制約により，$\max(0, N+n-M)$ から $\min(N, n)$ までの整数値での和となる.

2. 超幾何分布の確率関数において，総和 $\sum_{\max(0,N+n-M)}^{\min(N,n)} P(X=k)$ は，

$$\begin{aligned}
&\sum_{k=\max(0,N+n-M)}^{\min(N,n)} P(X=k) \\
&= \sum_{k=\max(0,N+n-M)}^{\min(N,n)} \binom{N}{k}\binom{M-N}{n-k} \Big/ \binom{M}{n} = \binom{M}{n} \Big/ \binom{M}{n} = 1
\end{aligned}$$

となる．

3. 確率変数 X の期待値は，

$$\binom{M}{n} = \sum_{k=0}^{n} \binom{N}{k}\binom{M-N}{n-k}$$

に対して

$$\begin{aligned}
\sum_{k=0}^{n} k\binom{N}{k}\binom{M-N}{n-k} &= \sum_{k=1}^{n} \frac{N!}{(k-1)!\,(N-k)!}\binom{M-N}{n-k} \\
&= N\sum_{k=1}^{n} \frac{(N-1)!}{(k-1)!\,(N-k)!}\binom{M-N}{n-k} \\
&= N\binom{M-1}{n-1}
\end{aligned}$$

となるので，

$$\binom{M}{n} = \frac{M!}{n!\,(M-n)!} = \frac{M}{n}\,\frac{(M-1)!}{(n-1)!\,(M-n)!} = \frac{M}{n}\binom{M-1}{n-1}$$

より $E(X) = N/(M/n) = nN/M$ となる．

4. 確率変数 X の分散の計算に際しては，離散確率変数の分散の計算でよく使われる公式

$$V(X) = E(X(X-1)) + E(X) - (E(X))^2$$

を用いる．平均のときの計算と同様にして

$$\sum_{k=0}^{n} k(k-1)\binom{N}{k}\binom{M-N}{n-k} = N(N-1)\binom{M-2}{n-2}$$

より

$$E(X(X-1)) = N(N-1)\binom{M-2}{n-2}\Big/\binom{M}{n} = \frac{N(N-1)n(n-1)}{M(M-1)}$$

を得るので，

$$
\begin{aligned}
V(X) &= E(X(X-1)) + E(X) - (E(X))^2 \\
&= \frac{N(N-1)\,n(n-1)}{M(M-1)} + \frac{nN}{M} - \frac{n^2N^2}{M^2} \\
&= \frac{N(N-1)n(n-1)M + nNM(M-1) - n^2N^2(M-1)}{M^2(M-1)} \\
&= \frac{nN(M^2 - NM - nM + nN)}{M^2(M-1)} = \frac{nN(M-N)(M-n)}{M^2(M-1)}
\end{aligned}
$$

となる.

4.6

1. 以下の積分は，変数変換 $x/\beta = y$ より

$$
\int_0^\infty x^{\alpha-1}\,e^{-\frac{x}{\beta}}\,dx = \int_0^\infty (y\beta)^{\alpha-1}\,e^{-y}\,\beta\,dy = \beta^\alpha\,\Gamma(\alpha)
$$

となる.

2. 積分 $\int_0^\infty f(x)dx$ においては，上の積分計算から

$$
\int_0^\infty f(x)dx = \frac{\beta^\alpha\,\Gamma(\alpha)}{\beta^\alpha\,\Gamma(\alpha)} = 1
$$

となり，明らか.

3. 確率変数 X の期待値は

$$
E(X) = \int_0^\infty xf(x)dx = \frac{\beta^{\alpha+1}\,\Gamma(\alpha+1)}{\beta^\alpha\,\Gamma(\alpha)} = \alpha\,\beta
$$

となる.

4. 確率変数 X の分散は，期待値と同様の計算をすることで $E(X^2) = (\alpha+1)\alpha\beta^2$ となるので，

$$
V(X) = E(X^2) - (E(X))^2 = (\alpha+1)\alpha\beta^2 - (\alpha\beta)^2 = \alpha\beta^2
$$

を得る.

5. 指数分布 $Ex(\lambda)$ の確率密度関数は

$$
f(x\,|\,\lambda) = \lambda\,e^{-\lambda\,x}
$$

であり，ガンマ分布の確率密度関数が

$$
f(x) = \frac{1}{\beta^\alpha\,\Gamma(\alpha)}\,x^{\alpha-1}\,e^{-\frac{x}{\beta}}
$$

であるので，x の指数から明らかに $\alpha = 1$ であり，$\beta = 1/\lambda$ とすると，2 つの確率密度関数は一致する. ゆえに指数分布は $\mathrm{Gamma}(1, 1/\lambda)$ である.

4.7

1. ベータ関数は

$$B(\alpha,\beta) = \frac{\Gamma(\alpha)\Gamma(\beta)}{\Gamma(\alpha+\beta)} = \int_0^1 x^{\alpha-1}(1-x)^{\beta-1}\,dx \quad (\alpha,\beta>0)$$

であることを確認するため，

$$\Gamma(\alpha)\Gamma(\beta) = \int_0^\infty\int_0^\infty x^{\alpha-1}e^{-x}\,y^{\beta-1}e^{-y}\,dxdy$$

において次のように変数変換する．

$$u = x+y,\ \ v = \frac{x}{x+y} \quad\Longleftrightarrow\quad x = uv,\ \ y = u(1-v)$$

この変数変換のヤコビアンは

$$J = \begin{vmatrix} \frac{\partial x}{\partial u} & \frac{\partial x}{\partial v} \\ \frac{\partial y}{\partial u} & \frac{\partial y}{\partial v} \end{vmatrix} = \begin{vmatrix} v & u \\ 1-v & -u \end{vmatrix} = -uv-u(1-v) = -u$$

なので，$|J|=u$ より

$$\begin{aligned}
&\int_0^\infty\int_0^\infty x^{\alpha-1}e^{-x}\,y^{\beta-1}e^{-y}\,dxdy \\
&= \int_0^\infty\int_0^1 (uv)^{\alpha-1}e^{-uv}\,(u(1-v))^{\beta-1}e^{-u(1-v)}\,|J|\,dvdu \\
&= \int_0^\infty\int_0^1 (uv)^{\alpha-1}e^{-uv}\,(u(1-v))^{\beta-1}e^{-u(1-v)}\,u\,dvdu \\
&= \int_0^1\left(\int_0^\infty u^{\alpha+\beta-1}e^{-u}du\right)v^{\alpha-1}(1-v)^{\beta-1}dv \\
&= \Gamma(\alpha+\beta)\int_0^1 v^{\alpha-1}(1-v)^{\beta-1}dv
\end{aligned}$$

となることから，

$$B(\alpha,\beta) = \frac{\Gamma(\alpha)\Gamma(\beta)}{\Gamma(\alpha+\beta)} = \int_0^1 x^{\alpha-1}(1-x)^{\beta-1}\,dx$$

が成り立つ．

2. 積分 $\int_0^1 f(x)dx=1$ であることは上の計算から明らか．

3. 確率変数 X の期待値は

$$\begin{aligned}
E(X) &= \frac{1}{B(\alpha,\beta)}\int_0^1 x\,x^{\alpha-1}(1-x)^{\beta-1}\,dx \\
&= \frac{1}{B(\alpha,\beta)}\int_0^1 x^{\alpha}(1-x)^{\beta-1}\,dx
\end{aligned}$$

$$= \frac{B(\alpha+1,\beta)}{B(\alpha,\beta)} = \frac{\Gamma(\alpha+1)\Gamma(\beta)}{\Gamma(\alpha+1+\beta)}\frac{\Gamma(\alpha+\beta)}{\Gamma(\alpha)\Gamma(\beta)} = \frac{\alpha}{\alpha+\beta}$$

となる.

4. 確率変数 X の分散は，平均での計算と同じようにして

$$\begin{aligned} V(X) &= E(X^2) - (E(X))^2 \\ &= \frac{B(\alpha+2,\beta)}{B(\alpha,\beta)} - \left(\frac{\alpha}{\alpha+\beta}\right)^2 \\ &= \frac{(\alpha+1)\alpha}{(\alpha+\beta+1)(\alpha+\beta)} - \frac{\alpha^2}{(\alpha+\beta)^2} \\ &= \frac{(\alpha+1)\alpha(\alpha+\beta)-(\alpha+\beta+1)\alpha^2}{(\alpha+\beta+1)(\alpha+\beta)^2} = \frac{\alpha\beta}{(\alpha+\beta+1)(\alpha+\beta)^2} \end{aligned}$$

を得る.

5. ベータ分布で $\alpha=\beta=1$ の場合，確率密度関数は

$$f(x) = \frac{\Gamma(\alpha+\beta)}{\Gamma(\alpha)\,\Gamma(\beta)}x^{\alpha-1}(1-x)^{\beta-1} = \frac{\Gamma(2)}{\Gamma(1)\Gamma(1)} = 1 \qquad (0<x<1)$$

より，一様分布 $U(0,1)$ と等しくなる.

4.8

1. 等式 (C は積分定数)

$$\int \frac{1}{1+x^2}\,dx = \tan^{-1}(x) + C$$

を用いると，積分 $\int_0^\infty f(x)dx$ は

$$\begin{aligned} \int_{-\infty}^{\infty} f(x)dx &= \frac{1}{\pi}\int_{-\infty}^{\infty}\frac{1}{1+x^2}\,dx \\ &= \frac{1}{\pi}\left[\tan^{-1}(x)\right]_{-\infty}^{\infty} = \frac{1}{\pi}\left(\frac{\pi}{2}+\frac{\pi}{2}\right) = 1 \end{aligned}$$

となる.

2. 次の不定積分

$$\int \frac{x}{1+x^2}dx = \frac{1}{2}\log(1+x^2) + C$$

と期待値 $E(X)$ の存在性は $E(|X|)<\infty$ を満たすことから，

$$\int_0^\infty \frac{x}{1+x^2}dx = \frac{1}{2}\left[\log(1+x^2)\right]_0^\infty = \infty$$

であるので，

$$E(|X|) = \int_{-\infty}^{0} \frac{(-x)}{1+x^2}dx + \int_{0}^{\infty} \frac{x}{1+x^2}dx = \infty$$

となる．ゆえに確率変数 X の期待値 $E(X)$ は存在しない．

4.9

1. 確率密度関数なので，

$$1 = \int_{1}^{3} f(x)dx = \left[\frac{a}{2}(x-1)^2\right]_1^3 = 2a$$

より，$a = 1/2$ となる．

2. 期待値の定義から

$$\begin{aligned} E(X) &= \int_{1}^{3} xf(x)dx = \int_{1}^{3} ((x-1)+1)f(x)dx \\ &= \int_{1}^{3} \left\{\frac{1}{2}(x-1)^2 + f(x)\right\} dx \\ &= \left[\frac{1}{6}(x-1)^3\right]_1^3 + 1 = \frac{7}{3} \end{aligned}$$

を得る．

4.10 Z の期待値と分散は以下の通り：

1. $E(Z) = E(X-Y) = \mu - \mu = 0$,

2. 独立性から

$$V(Z) = V(X) + V(Y) = 2\sigma^2.$$

4.11

1. $E(W) = E(X/4 + Y/2 - Z/4) = \mu/2$,

2. 独立性から

$$V(W) = V(X/4) + V(Y/2) + V(Z/4) = \frac{6}{16}\sigma^2 = \frac{3}{8}\sigma^2.$$

4.12 確率変数 X, Y の期待値を μ_X, μ_Y，分散を σ_X^2, σ_Y^2 とし，新たな確率変数 Z を以下のように定義する．

$$Z := (X - \mu_X) - t(Y - \mu_Y), \qquad (t \text{ は媒介変数}).$$

Z の期待値と分散を求めると，

$$E(Z) = E(X - \mu_X) - tE(Y - \mu_Y) = 0,$$

$$
\begin{aligned}
V(Z) = E(Z^2) &= E\left[\Big((X-\mu_X) - t(Y-\mu_Y)\Big)^2\right] \\
&= V(X) - 2t\,Cov(X,Y) + t^2\,V(Y) \\
&= \sigma_X^2 - 2t\rho\sigma_X\sigma_Y + t^2\sigma_Y^2 \quad (\geq 0)
\end{aligned}
$$

となる．分散の最後の不等式を媒介変数 t の 2 次関数

$$
f(t) = \sigma_Y^2\,t^2 - 2\rho\sigma_X\sigma_Y\,t + \sigma_X^2 \geq 0
$$

とみなせば，任意の t において $f(t) \geq 0$ なので，$f(t) = 0$ の解は重解となるか実数解を持たないこととなる．ゆえにこの判別式 D は 0 以下でなくてはならない，すなわち，

$$
D/4 = (\rho\sigma_X\sigma_Y)^2 - \sigma_X^2\sigma_Y^2 \leq 0,
$$

よって，

$$
\rho^2 \leq 1, \quad すなわち \quad |\rho| \leq 1
$$

を得る．

4.13 期待値と分散が μ, σ^2 である確率変数の無作為標本 $X_1, \ldots, X_n$ に対して，その同時確率 (密度) 関数 $f_n(\cdot)$ は

$$
f_n(x_1, \ldots, x_n) = f(x_1)\cdots f(x_n) = \prod_{i=1}^{n} f(x_i)
$$

であるから，標本平均 $\bar{X}$ の期待値は

$$
E(\bar{X}) = E\left(\frac{1}{n}\sum_{i=1}^{n} X_i\right) = \frac{1}{n}\sum_{i=1}^{n} E(X_i) = \frac{1}{n}n\mu = \mu
$$

となり，標本平均 $\bar{X}$ の分散は

$$
\begin{aligned}
V(\bar{X}) = V\left(\frac{1}{n}\sum_{i=1}^{n} X_i\right) &= E\left[\left(\frac{1}{n}\sum_{i=1}^{n}(X_i-\mu)\right)^2\right] \\
&= \frac{1}{n^2}\sum_{i=1}^{n} E[(X_i-\mu)^2] + \frac{1}{n^2}\sum_{i\neq j} E[(X_i-\mu)(X_j-\mu)] \\
&\quad (X_i \text{ と } X_j \text{ の独立性より}) \\
&= \frac{1}{n^2}\sum_{i=1}^{n} E[(X_i-\mu)^2] + \frac{1}{n^2}\sum_{i\neq j} E(X_i-\mu)\,E(X_j-\mu) \\
&= \frac{1}{n^2}\sum_{i=1}^{n} E[(X_i-\mu)^2] = \frac{1}{n^2}n\sigma^2 = \frac{\sigma^2}{n}
\end{aligned}
$$

となる．

4.14 統計解析用プログラミング言語 R によるコマンドを示しておく[6]．
これを実行し，重複対数の法則における関数 $g_1(x)$ と $g_2(x)$ を描き，和 S_n のサンプルパスを同時に描いたものが図 A.9 である．

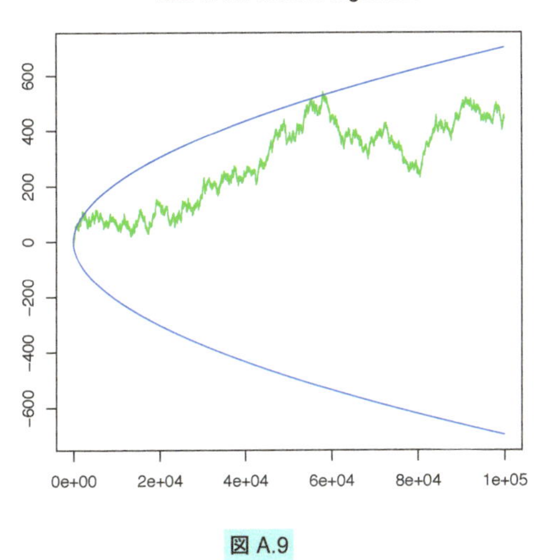

図 A.9

```
> nn <- 10^5
> xx <- 3:nn
> x.lim <- c(3,nn)
> y.lim <- c(-fun.log(nn),fun.log(nn))
> sn <- cumsum(rnorm(nn))[-c(1,2)]
> fun.log <- function(nn) sqrt(2 * nn * log(log(nn)))
> plot(xx,sn,type="l",col=3,xlab="",ylab="", xlim=x.lim, ylim=y.lim)
> par(new=T)
> plot(xx,fun.log(xx),type="l",xlab="",ylab="",col=4,
+ xlim=x.lim, ylim=y.lim)
> par(new=T)
> plot(xx,-fun.log(xx),type="l",xlab="",ylab="",col=4,
+ xlim=x.lim, ylim=y.lim)
> title("Law of the iterated logarithm")
```

S_n のサンプルパスが，n が大きくなるにつれて 2 つの関数 $g_1(x), g_2(x)$ のグラフで囲まれた領域内に収まっている様子がわかる．また，サンプル和 S_n と関数 $g_1(x) = \sqrt{2x\log(\log(x))}$ の比を描いたものが図 A.10 である．

```
> plot(xx,sn/fun.log(xx),type="l",xlab="",ylab="",ylim=c(-1.5,1.5),
```

6) R に関しては非常に多くの本が出版されているが，さまざまなデータを R で処理したものに 熊谷・舟尾 (2008)，R で学ぶデータマイニング I，オーム社などがある．

```
col=4)
> abline(h=c(-1,1),lty=2,col=2)
> title("The limit of the supremum")
```

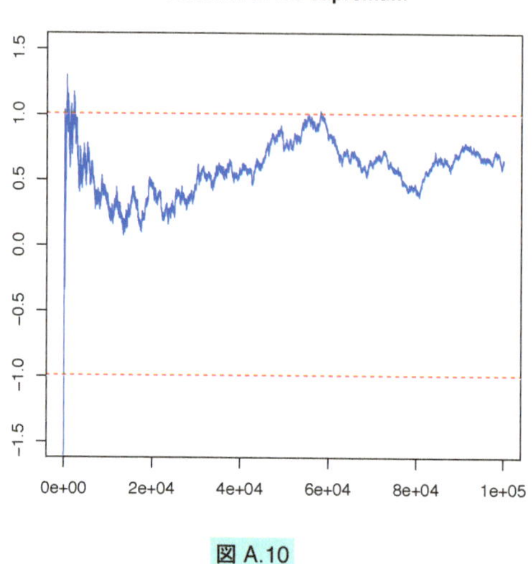

図 A.10

$$\limsup_{n\to\infty} \frac{S_n}{g_1(n)} = \lim_{n\to\infty} \left(\sup_{m\geq n} \frac{S_m}{g_1(m)} \right)$$

であり，図 A.10 から $n = 4 \times 10^4$ として $\sup_{m\geq n} \frac{S_m}{g_1(m)}$ はほぼ 1 と読み取れるので，重複対数の法則を満たしていることがわかる．

参 考 文 献

このテキストを作成するに際して，以下の文献を参照させて頂いた．

1) 赤平昌文 (2003)，統計解析入門，森北出版．
2) 穴太克則 (2012)，講義：確率・統計，学術図書出版社．
3) D.Donoho (2017)，50 years of data science, *Journal of Computational and Graphical Statistics,* **26**(4)，745–766.
4) B.Efron (1998)，R.A.Fisher in the 21st Century, *Statistical Science,* **13**(2)，95–122.
5) B.Efron and T.Hastie (2016), *Computer Age Statistical Inference: Algorithms, Evidence, and Data Science,* Cambridge University Press.
6) D.Gillies (著)(2000)，中山智香子 (訳)(2004)，確率の哲学理論，日本経済評論社．
7) A.S.Hornby (2015)，*Oxford Advanced Learner's Dictionary of Current English, 9th edition,* Oxford University Press.
8) 飯田泰之 (2007)，考える技術としての統計学，NHK 出版．
9) 稲垣宣生 (2003)，数理統計学 改訂版，裳華房．
10) 伊勢田哲治 (2005)，哲学思考トレーニング，筑摩書房．
11) 岩佐学・薩摩順吉・林利治 (2018)，理工系の数理　確率・統計，裳華房．
12) 地道正行 (2018)，データサイエンスの基礎　R による統計学独習，裳華房．
13) 河野稠果 (2007)，人口学への招待，中公新書．
14) 熊谷悦生・舟尾暢男 (2008)，R で学ぶデータマイニング I，オーム社．
15) 熊谷悦生・舟尾暢男 (2008)，R で学ぶデータマイニング II，オーム社．
16) 中田寿夫・内藤貫太 (2017)，確率・統計，学術図書出版社．
17) 尾畑伸明 (2014)，数理統計学の基礎，共立出版．
18) D.S.Salsburg (著)(2002)，竹内惠行・熊谷悦生（訳）(2010)，統計学を拓いた異才たち，日経ビジネス人文庫．
19) 柴田里程 (2018)，*データサイエンス普及の隘路*，2018 年度統計関連学会連合大会予稿集．
20) E.H.Simpson (1951)，The Interpretation of Interaction in Contingency Tables, *Journal of the Royal Statistical Society. Series B (Methodological),* **13**(2)，238–241.
21) 白旗慎吾 (1992)，統計解析入門，共立出版．
22) 竹内啓 (2018)，歴史と統計学 —人・時代・思想，日本経済新聞出版社．
23) 土屋隆裕 (2009)，概説標本調査法，朝倉書店．

索　引

あ

か

さ

た

な

は

ま

や

ら

わ

著者紹介

濱田悦生（はまだえつお）　博士（理学）
　1997 年　大阪大学大学院基礎工学研究科数理系専攻博士後期課程修了
　現　在　大阪工業大学情報科学部データサイエンス学科 教授

編者紹介

狩野　裕（かのゆたか）　博士（工学）
　1983 年　大阪大学大学院基礎工学研究科数理系専攻修士課程修了
　現　在　大阪大学大学院基礎工学研究科システム創成専攻 教授

NDC007　190p　21cm

データサイエンス入門（にゅうもん）シリーズ
データサイエンスの基礎（きそ）

2019 年 8 月 29 日　第 1 刷発行
2024 年 7 月 25 日　第 7 刷発行

著　者　濱田悦生（はまだえつお）
編　者　狩野　裕（かのゆたか）
発行者　森田浩章
発行所　株式会社　講談社
　〒 112-8001　東京都文京区音羽 2-12-21
　　販売　(03)5395-4415
　　業務　(03)5395-3615

KODANSHA

編　集　株式会社　講談社サイエンティフィク
　代表　堀越俊一
　〒 162-0825　東京都新宿区神楽坂 2-14　ノービィビル
　　編集　(03)3235-3701
本文データ制作　藤原印刷株式会社
印刷・製本　株式会社ＫＰＳプロダクツ

落丁本・乱丁本は，購入書店名を明記のうえ，講談社業務宛にお送りください．送料小社負担にてお取替えします．なお，この本の内容についてのお問い合わせは，講談社サイエンティフィク宛にお願いいたします．定価はカバーに表示してあります．

ISBN 978-4-06-517000-7